大美中国茶

余悦 主编

图说香道文化

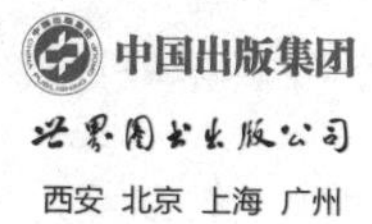

世界图书出版公司
西安 北京 上海 广州

图书在版编目(CIP)数据

图说香道文化 / 余悦主编. —西安:世界图书出版西安有限公司, 2014.11(2024.6重印)
ISBN 978-7-5100-8499-7

Ⅰ. ①图… Ⅱ. ①余… Ⅲ. ①香料—文化—中国—图解 Ⅳ. ①TQ65-64

中国版本图书馆CIP数据核字(2014)第209912号

图说香道文化

主　　编　余　悦
责任编辑　李江彬
封面设计　后声文化·王国鹏

出版发行　世界图书出版西安有限公司
地　　址　西安市雁塔区曲江新区汇新路355号
邮　　编　710061
电　　话　029-87214941　029-87233647(市场营销部)
　　　　　029-87234767(总编室)
网　　址　http://www.wpcxa.com
邮　　箱　xast@wpcxa.com
电　　话　029-87233647(市场营销部)　029-87235105(总编室)
传　　真　029-87279675
经　　销　全国各地新华书店
印　　刷　西安市久盛印务有限责任公司
成品尺寸　170mm×230mm　1/16
印　　张　12.75
字　　数　160千

版　　次　2014年11月第1版　2024年6月第19次印刷
书　　号　ISBN 978-7-5100-8499-7
定　　价　45.00元

中国茶文化图书的新佳作——《大美中国茶》『图说』系列 序一

一直以来，采用图文并茂的形式介绍各种知识，似乎是科普的“专利”，不同学科知识挂图往往成为科普推广的重要方式。近些年来，随着生活节奏的加快，快乐而轻松地阅读成为一种“时尚”，于是，各方面以图释文的图书，包括人文社会科学内容的“图说”一类的书籍，也就应运而生，甚至大行其道。当然，这种做法并非仅从科普借鉴而来，也是传统的一种“回归”。因为，历史上“插图本”之类的书籍，或者“绣像”小说之类的读物，都曾占有重要的一席。如今，当我读到著名茶文化专家余悦教授的《大美中国茶》“图说”系列图书时，深感这是中国茶文化图书的又一佳作，我为它厚重而耐读的内容，大气而典雅的装饰所吸引，也引起了我对一些关于茶知识普及图书的联想。

其实，在中国茶文化史上，运用“图说”来宣传和普及相关知识，是一种传统和特色。早在唐代，中国也是世界上第一本茶书——陆羽《茶经》，就明确指出要用挂图的形式来介绍其内容。宋代有《茶具图赞》，更是以茶具的图画，再加以赞语，达到了最佳的宣传效果，给人们留下了深刻的印象。我想，余悦同志的这一系列书，自然是接续了这些传统的。同时，又吸取了当代的“时尚”元素，无论是文字内容，还是装帧设计，都给人以现代气息，更为精彩、精典、精美，这又是超越传统，容易受到当代社会欢迎的。

用“图说”的形式，并非仅仅与普及、普通和浅显相伴，同样可以是提升、精致和深刻的品牌；不仅仅由初涉此道者写作，同样需要高水平专家学者的积极参与。记得著名历史学家吴晗先生，就曾积极主持和热心写作《历史知识小丛书》。现代著名文史专家郑振铎先生的《插图本中国文学史》，至今仍然是治中国文学史的经典著作。中国社会科学院学部委员杨义先生的《中国古典文学图志》《二十世纪中国文学图志》，同样精彩纷呈，受到学界的好评。而余悦同志的《大美中国茶》“图说”系列也是自成风格，颇多妙趣。概括起来，起码有三方面的特色：一是严谨的写作态度。我推动和主持的首届国际茶文化学术研讨会，余悦同志是当时为数不多的风华正茂的参加者之一。二十多年来，他一直致力于茶文化的学术研究，成果丰硕，影响深广。他秉承着学者的良知和严谨的治学态度来写作每一本著作，这次同样如此。二是在研究基础上的普及。中国茶文化普及有两种态度：一是率而操笔，东拼西凑。二是深有研究，再做普及。余悦同志的这系列书，无疑属于后者。他同样汲取学界的成果，但是经过自身的思辨和消化。他更多的是在精心研究和深思熟虑之后，再向社会和大众介绍自己的创见。三是优美而耐读的文字。文喜不平，语当惊人，这是作者孜孜不倦的追求。此书的文字优美鲜活，具有张力，别有韵味，犹如上品的乌龙茶，所谓“七泡有余香”，经得起细细咀嚼。上述特点，再加上图书编辑的匠心独具的精美设计，更使这套书锦上添花。

韶华终易逝，岁月催人老。自从改革开放后，我积极参与和推动中国茶文化事业，不觉已是二十多年。我也从古稀之年，进入耄耋之期。在我年事渐高之际，能够为中国茶文化尽一份心，出一份力，诚如古人所说是“平生快事”。余悦同志也是这一历史进程的积极投身者，是以自己的学术为之做出贡献的人士。我向来认为：中国茶文化也应与时俱进，需要一代又一代人的努力。如今，我虽然从第一线退下来，依旧关心中国茶文化和祖国的繁荣富强。茶文化事业的持续发展，需要各方面形成的“合力”，需要坚持不懈的开拓进取，需要高深的研究，也需要不断的普及。

“老夫喜作黄昏颂，满目青山夕照明。”叶剑英元帅的诗句，此刻正好表达了我的心境：我们对于中国茶文化事业寄予厚望，深信必将持续历史的辉煌成就和未来的灿烂前景！

王家扬 年九十七

二〇一四年十一月

（王家扬先生为中国国际茶文化研究会创始会长，现任荣誉会长）

在世界三大无酒精饮料中，茶以独特的风范和迷人的魅力，成为风靡全球的饮品，具有举足轻重的地位。中国茶文化精神和西方的酒神精神，代表了不同品性、不同品格、不同品味的取向与情趣。

多年以来，出现在我们眼前，回响在我们耳畔，萦绕在我们脑海的，有一个耳熟能详的词——国饮。其实，“国饮”的表达，有广博的意义和深厚的内涵。

国饮，是中国之饮。大量的史料和实物证明：中国是茶的发源地，也是茶文化的发祥地。早在六千万年前，地球上就有茶类植物。中国西南地区是茶的原产地，中国先民四五千年前就发现和开始利用茶，经历了由药用、食用到饮用的过程。世界上茶的种植、栽培、制作、加工和饮用技艺，无一不是源自于中国。

国饮，是国人之饮。茶是中国最常见、最普及和日常生活最紧密相关，又与文化艺术休戚相关的饮品。早在先秦时期，就有关于中国饮用茶叶的记载。汉代已成常规，到了唐代，更是成为“举国之饮”，并上升到品饮的精神层面。“柴米油盐酱醋茶”“琴棋书画诗酒茶”，正是这种境况的概括。

国饮，是国际之饮。中国茶的外传是一件具有世界意义的事件。饮茶的国际化，给世界带来的是健康、和平、温馨与幸福。这一历程，可以上溯汉朝，下至现代。唐代的繁盛，宋代的精致，明代的普及，统一进入中国茶的传播进程。如今，世界上有五十多个国家种植茶叶，一百多个国家，近三十亿的人口饮用茶叶，成为蔚为壮观的社会生活与文化景象。

所以，我们在说“茶为国饮”时，其实说的是中国之饮，说的是国人之饮，也说的是国际之饮。

中国茶和茶文化的盛大气象，既有时间的长度，又有空间的广度，使用“上下数千年，纵横数万里”来形容是极为恰当的。博大精深的中国茶文化，既包括物质的丰富性，又包括事项的繁复性；既包括文化的多样性，又包括精神的深刻性。哲学、历史、文学、艺术、美学、民族学、民俗学，植物学、生态学及绿色食品、加工制作、商品销售、包装设计、创意策划等等，都与中国茶和茶文化有“解不开、理还乱”的姻缘。

正因为如此，中国茶文化展现出异彩纷呈的立体画面。我们认为作为向海内外传播中国茶文化知识的系列图书，既要能够反映茶文化的整体面貌，又要具有茶文化的多重影像。在茶书大量出版的今天，要设计这么一套新意迭出的图书更为不易。为此，我们在这套图书中突出四个关键词：文化、器物、艺术、空间，并且用图文并茂的形式给予立体的展现。其中，《图说中国茶文化》采用洗练的文字，扼要的叙述，全面反映中国茶文化的多个侧面；《图说茶具文化》是对茶艺中最有实际效用和文化意味的器物（茶具）进行观察与历史及实用、文化的多角度探讨；《图说香道文化》以与茶文化相融合的香道艺术作为视点，从中窥见茶艺与其他相关艺术的关联与契合；《图说红木文化》与其他对红木器具介绍的著作颇为不同，而是站在品茗空间设计的立场来考察相关的红木器具。这四个方面的组成，既有宏观的视野，又有微观的扫描，体现出对前辈学者“龙虫并雕”学术传统的继承与创新运用。

我们对整套图书采用了“图说”的方式。“图说”是运用照片和图片的直观方式来进行诠释，使读者更为畅达、畅怀、畅快地享用、享有、享受茶文化。这种畅享，是不同国家、不同民族、不同群体都能够共同享有的。记得二十多年前，我题词时曾写道：“茶使世界更美好，茶使人类更健康”。我想，这应该是我们始终秉承的理念，也是本套图书编撰的初衷。

让我们跟随着《大美中国茶》图说系列的步伐，亲近茶文化，走进茶文化，畅享茶文化！

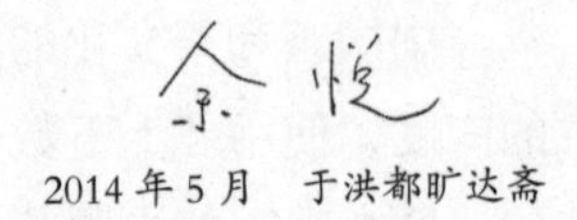

2014年5月　于洪都旷达斋

目录

CONTENTS

引言

茶事生活中的香道文化

黄庭坚《题落星寺四首》："宴寝清香与世隔，画图妙绝无人知。蜂房各自开户牖，处处煮茶藤一枝。"斗室之间，捧泛黄书卷，与老友欢聚，点炷沉香，品道香茗。袅袅香烟，从博山炉间起，闻缕缕幽香，话世事苍黄，或指点江山，何其快哉？

香，不仅是人类嗅觉的一种感官感受，更是人类一种美好的文化感受。

谈到香事，人们往往征引明朝屠隆的《香笺》："香之为用，其利最溥。物外高隐，坐语道德，焚之可以清心悦神。四更残月，兴味萧骚，焚之可以畅怀舒啸。晴窗塌帖，挥尘闲吟，温灯夜读，焚以远辟睡魔，谓古伴月可也。红袖在侧，秘语谈私，执手拥炉，焚以熏心热意。谓古助情可也。坐雨闭窗，午睡初足，就案学书，啜茗味淡，一炉初热，香霭馥馥撩人。更宜醉筵醒客，皓月清宵，冰弦戛指，长啸空楼，苍山极目，未残炉热，香雾隐隐绕帘。又可祛邪辟秽，随其所适，无施不可。"寥寥数语，把香的功效展露无遗。

值得注意的是，屠隆在《香笺》中把茶与香相提并论："煮茗之余，即乘茶炉之便，取入香鼎，徐而爇之。当斯会心境界，俨居太清宫与上真游，不复知有人世。"在这位文学家、戏曲家的心中，品茗之际，同时焚香，才能达到超越人世的悠然境界。正因如此，屠隆还有《茶笺》(后喻政收入《茶书全集》时，易名为《茶说》)，对于茶品、茶效、品茶、茶具、茶寮、人品等都有载录。

其实，认同茶与香相得益彰的文人墨客中大有人在。被誉为"南宋四大家""中兴四大诗人"之一的杨万里，便作有《南海陶令曾送水沉报以双井茶二首（之一）》，用形象生动的诗句，写出了茶和香友谊的交集，茶与香缠绵的深情：

"岭外书来谢故人，梅花不寄寄炉熏。

辨香急试博山火，两袖忽生南海云。

苒惹须眉清入骨，萦盈窗几巧成文。

琼琚作报那能辨，双井春风辍

一斤。”

诗人笔下，茶和香是君子之交的圣物，是故人旧友的纽带，是深情厚谊的流露，是千金难买的报偿。

这些文化名人，之所以毫不吝啬地同时赞美茶与香，是因为特有的文化基因和真情实意。在中国茶文化体系里，“挂画、插花、焚香、点茶”是融为一体的生活“四艺”，也是文人雅士追求的精神“四雅”。

从物质层面看，茶和香都以具有魅力的气息、气味为特征。茶的自然之气，纯真之味，一直吸引着人们品赏。香的幽兰之气，典雅之味，长期营造着迷人氛围。而且，茶和香都有不同的香气、香品、香味，都有千姿百态的风格和妙趣横生的表现。

从功能角度看，茶和香都具备养心、养性、养神、养身的保健养生功能。古人很早就认识到，保健、养生须从“性”“命”两方面入手才能合和，达到养生养性的目的。茶的医疗保健作用，是茶被发现与利用的重要原因。先秦时期形成的“香气养性”，正是中国香文化的核心理念与重要特色。两者的这种关联，早就被医药名家认识和践行。如葛洪、范晔、陶弘景、孙思邈、李时珍等的著述，都有记载。

从使用角度看，茶和香都讲究适度的享受空间，宜人的品赏氛围，参与的同道中人。同时，两者要达到尽善尽美的境界，都应该具有精湛、精细、精美的高超技艺。茶艺和香道作为独立文化形态举行活动时，都有一定的程序，包括准备阶段、操作阶段、完成阶段，强调礼仪、礼貌、礼节。并且，茶艺和香道都重在发挥本身的特色，或重香，或重味，或重形，或重色，或兼而有之，成为怡神悦人的旨归。

从精神层面来看，茶道和香道的核心都是“和”。这里的“和”，包括中和、和谐、和合、和光、和衷、和易、和平、和乐、和瑾、和煦、和胜、和成等多方面的意义。而且，以茶（香）雅志，陶冶个人情操；以茶（香）敬客，协调人际关系；以茶（香）行道，净化社会风气，两者也是一脉相承的。美化境界，诗化境界，禅化境界，是茶道与香道的追求。

正因如此，茶道和香道虽有时以单一形式出现，但更多时候，两者是以相互融合的方式呈现给大众的。茶事生活中的香道文化，更接地气，更有广泛性，也更有活力和魅力。

改革开放以来，中国茶文化得

到继承与弘扬。丰富多彩的茶文化活动和深入民间的茶艺表演，也使融入其中的香道文化被更多的人认识与理解。而且，香道文化作为一种独立文化形态正在展现出“东风第一枝”的新姿。

近些年来，已有诸多香道著作问世，本书则期盼做些添砖加瓦的工作。不同之处是，本书站在中国茶文化的基石上，从茶事生活的践行出发，对于香道文化的历史、香品、器具、技能等进行介绍，并且对茶道与香道的融通进行阐述，以便让大家更好地了解中国茶文化体系中的香道特色。这样的期许与努力，不知道能否达到目标，我们期待着读者的评判！

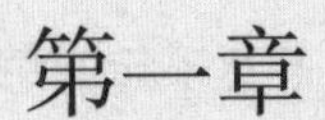

第一章

香道历史

香，不仅是人类嗅觉的一种感官感受，更是人类一种美好的文化感受。“香”与人类文明和文化有着千丝万缕的联系，陪伴着中华文明走过了数千年的风雨兴衰，飘散在上下五千年的每处角落，不绝如缕，丝丝入内。“香道”就是这样在这种文明与文化的熏染下渐渐形成的。

仿新罗山人笔意［清］钱慧安（局部）

第一节 香道起源

谈及香，我们首先从汉字“香”开始。许慎《说文解字》云：“香，气芬芳也。”“馨，香之远闻也。”而探究“香”的具体会意象形字释义，其字源于谷物之香。甲骨文中的“香”形如“一容器中盛禾黍”，指禾黍的美好气味。篆文变作从“黍”从“甘”，“黍”表谷物，“甘”表甜美。隶书又省略写作“香”。

由此可见，“香”最早的起源与粮食有关，也是一种气味。“香”字，上为禾，下为日。其一释为禾在日上。禾为粮食，在阳光下暴晒，会散发自然的气息，这种气息为粮食的气息，可引申为大众所需之意，为人性本需。其二释为禾在曰上。曰为口舌之意，禾为粮食，大众饮食之相。饮食为必需品，人通过饮食而获取能量，能量在身体里循环，作用于全身，而香字也预示着香气可作用于全身经络，益于健康。

广义的香，指香气、芳香之气。《辞源》释词道：“凡草木有芳香者皆曰香”，如沉香、檀香等。狭义的香，指用天然芳香类香药及植物黏合剂为原料，根据功效的需求，按制定配方，并对香药进行炮制及配伍，依工艺要求制成的各种香品。其中传统的香须经窖藏后方可成真正意义上的香品。

中国的香道文化历史悠久，几乎可与中华文明同源。而关于“香道”的起源，历来众说纷纭，就目前学界总结大致可分为三种：祭天说、驱蚊说和辟邪说。

祭天说可以一直追溯到殷商乃至遥远的先夏时期，新石器时代晚期。距今6000多年前，人们已经用燃烧柴木与其他祭品的方法祭祀天地诸神。《尚书·舜典》："正月上日，受终于文祖。在璇玑玉衡，以齐七政。肆类于上帝，禋于六宗，望于山川，遍于群神。辑五端。既月乃日，觐四岳群牧，班瑞于群后。岁二月，东巡守，至于岱宗。柴，望秩于山川，肆觐车后。"记载的就是4100年前，舜接受尧禅让帝位时的祭祀，燔木升烟，告祭天地，即用香祭祀。这是比较盛行的源头说。

仿新罗山人笔意［清］钱慧安

驱蚊说跟南方气候有关。在南方温湿的环境下，以楚国为首的湘楚民族发现带有芳香的植物燃烧释放的烟雾驱蚊虫效果很好，而后渐渐流行用香料驱蚊，此做法因此盛行开来。据史料记载，南方民族的确有用香料熏衣的习俗。

辟邪说跟传说迷信有关。《吕氏春秋》记载："荆人畏鬼。"楚人崇尚巫术，故屈原《楚辞》多涉神怪水鬼。这恰恰与楚文化是紧密相连的。烟雾缭绕与火燎驱邪，具有同样的功效。

这几种源头说，我们自然要科学地看待。但从另一个侧面可以看到，中国香道文化与宗教和皇家贵族息息相关。中国古人之好香为天性使然，但人们开始用香的原因与时间已难以确认。

不过，考古发现可以给我们提供更多的例证。位于湖南省澧县车溪乡城头山村的“中国第一古城址”的城头山遗址是中国目前所发现的年代最早、保存最完整、内涵极丰富的古城址，经考古发现了大型祭坛。上海青浦淞泽遗址的祭坛也发现了灶坑、燎祭遗址。从这两个新石器时代古文化遗址，我们可以发现在6000年前的祭祀活动中已经出现了燃烧柴木及烧燎祭品的做法，即“燎祭”。

距今6000至4000年间，约为仰韶时代中晚期至广义的龙山时代。香道文化表现为祭坛的规模更大、燎祭遗存更多并慢慢普遍。具体文化遗址有辽西东山嘴、牛河梁红山文化晚期遗址和山西陶寺遗址。在这些遗址的考古中，先后在东山嘴祭坛发现了大片红烧土、灰土、动物烧骨等燎祭遗存物；山西陶寺遗址的祭祀区发现了大型“坛”形建筑；太湖流域的良渚文化遗址也有大量燎祭遗存，可知该地区曾有浓厚的燎祭风气。而后在大部分文化遗址中都可以发现燎祭遗址。由此我们可以看出，祭坛和燎祭遗存慢慢发展普遍。

同时，有一些器具的出土也值得我们注意。1960年，山东潍坊姚官庄龙山文化遗址出土了一件蒙古包形灰陶薰炉（距今4000多年）；1982年左右，上海青浦福泉山良渚文化遗址出土了一件竹节纹灰陶薰炉（距今4000多年）。这两件薰炉“分散”于辽河流域、黄河流域及长江流域，其样式与后世的薰炉一致，且造型美观，堪称新石器时代晚期的“奢侈品”。可以说，这是我国香道文化的“第一炉香”。

香道的起源，除了香材的发现与香料的使用，还与中国人“道”的观念有关。老子认为：“道可道，非常道；名可名，非常名。”关于宇宙、生命的哲学思辨，关于社会发展的规律、方法，都是蕴含在万事万物之中的。茶有道，香自然也离不开道。

因此，“香道”的定义，我们大致可以归纳为：香道是关于“香的艺术与规律”，是人类在无限的气味类别之中，通过感官器官经过感性认识和理性认识，由不同香气对人的作用及个人的需求，以及由此产生的各种香品的制作、炮制、配伍与使用，而逐步形成的能够体现出中华民族的精神气质、民族传统、美学观念、价值观念、思维模式与世界观之独特性的一系列物品、技术、方法、习惯、制度与观念等的艺术。

具体说来，就是从香料与香品，香道器具的布置，香道历史与文化，点香、闻香的手法，香与宗教、国学、礼仪、养生等关系，香道与茶道，香道的鉴赏等，来探索使人们的生活更丰富、更有情趣的一种艺术，这就是香道。

第二节 先秦香事

一般认为：春秋汉魏时期是香道文化的初步发展阶段，隋唐时期是香道文化的成熟与完善阶段，宋元明清是香道文化的繁盛与普及阶段，现当代时期的香道文化则进入了新阶段。

日本香道

西周时期，朝廷就开始设有掌管熏香的官职，专门负责打理香草香木熏室、驱灭虫类、清新空气。宫廷用香主要用于祭祀，其活动由国家掌握，由祭司执行。周人升烟以祭天，称作“禋”或“禋祀”。《诗·周颂·维清》：“维清缉熙，文王之典，肇禋。”禋祀即点火升烟，以香气祭神。此时的香料主要为芳香类植物性和牲畜类动物性香料。香品伊始是未经加工的自然性香料。民间对香木香草的使用方法比较丰富，不仅有焚烧艾蒿，佩戴兰花，还有煮兰，蕙汤，熬膏，并以郁金为香料入酒。可见用香在当时社会已经成为一种重要而时尚的习俗。

中国香道文化中除了祭祀用香，还有生活用香，包括有香身、辟秽、祛虫、医疗、居室薰香等多种用途。先秦时，从士大夫到普通百姓都随身插戴香草、佩戴香囊，可谓是一时风起。香囊又称“容臭（xiù）、佩帏、香包、香缨、香袋、荷包”等。古人佩戴香囊的历史记载最早始于西周。《礼记·内则》：“男女未冠笄者，鸡初鸣，咸盥漱，拂髦总角，衿缨皆佩容臭。”这里讲的就是古代少年在拜见长辈的情景，在雄鸡初鸣的清晨，梳好头发，佩戴好香囊，以示尊重和礼貌。

这一时期，我国香道文化呈现出以下特点：一是香品原始，大多为未加工的自然物，还不是后世正规意义上的“香料”（树脂加工而成）；二是自然升火，很少用器具；三是专用于祭祀，而祭祀由国家掌握，多属于皇家贵族专有，而烧香还没有大规模生活化、民间化。明周嘉胄《香乘》引丁谓《天香传》：“香之为用，从上古矣。所以奉神明，可以达蠲洁。三代禋祀，首惟馨之荐，而沉水熏陆无闻也。其用甚重，采制粗略。”

春秋战国时期，关于焚香、熏香、烧香木香草的文字记载也很多，如《周礼》曰：“剪氏掌除筮物，以攻禜攻之，以莽草熏之，凡庶虫之事。”《礼记·内则》载：“男女未冠笄者……皆佩容臭。”这里面的“容臭”后世多解释为“香物”的意思，另外《诗经》《尚书》《左传》等都有记载。而屈原可以说是与“香”结缘的第一位有名的文人，他的“香草美人”在《离骚》之中出现过很多次，可以说将“香”上升到了新的高度和境界。

在这一时期，香草可以用来装饰房屋，香木可以搭建房子；香汤可以用来沐浴；香物可以作为赠礼，也可为物品添香；焚烧草木可以驱虫避害，也可治愈疾病。可以说，“香”在先秦时期已经成了人们生活中一个重要的组成部分，与人们生活的各方面息息相关。

春秋战国时期，香道已有一定发展。在这一阶段，祭祀用香主要以柴木、香蒿、祭品为燃烧材料，以谷物、香酒等为敬供祭品。在生活方面，古人已经对植物香料有了广泛的认识和使用，人们佩戴香草香木，熬兰为膏，以郁金入酒，还用兰、蕙煮水沐浴。我国长江以南地区多阴雨，湿度大，蚊虫多，人们佩戴香囊、熏烧香料以除潮湿，驱赶蚊虫。熏香、沐香、医疗养生、辟秽这些用途很常见，插戴香草、佩戴香囊、沐浴香汤等做法也已非常普遍。

战国时期，熏香风气和熏炉在一定程度上得到了较好的发展。如战国时期铜质熏炉的出现，1995 年 3 月在陕西省凤翔县姚家岗出土了一件“凤鸟衔环铜熏炉”。通高 35.5 厘米，熏炉顶端有一凤鸟，其下的炉体为圆球形，分上下两个半球；上层镂空，中腰上有四个衔环兽首，附着于上半球的下沿；底座呈覆斗形，底座与炉体间有一空心八角形方柱连接；造型奇特，工艺精湛。反映了先秦时期的熏香传统已很流行，当然首先是从上层阶级开始的。

先秦初期，外来香材如沉香、乳香等尚未传入内地，所用香材大部分以未加工的自然物如香草香木为主。屈原在《离骚》《九歌》里提到的香草有白芷、花椒、佩兰、山药、杜衡、菊花、桂花、泽兰、辛夷、蓬荷、菖蒲等数十种之多，可见当时人们已经开始种植和采集香料。常见的有泽兰、蕙草、椒、桂、萧郁、芷、茅等。那时人们对香木香草的使用方法已非常丰富，《诗经》《尚书》《礼记》《周礼》《左传》及《山海经》等典籍都有很多相关记述。

根据《香乘》记载：茶药香在燕昭王二年（公元前 310 年）从波斯传入中土，“燕昭王二年，波戈国贡茶芜香，焚之，着衣则弥月不绝，浸地则土石皆香，着朽木腐草莫不茂蔚，以熏枯骨则肌肉立生。时广延国贡二舞女，帝以茶芜香屑铺地四五寸，使舞女主其上，弥日无迹。”此后，恒春香、遐草香也先后传入中国。

总之，先秦是中国用香的先声，这个时期使用的香品比较单一，主要为花、草等芳香植物类的传统香料；用香领域涉及王公贵族日常生活和祭祀活动；人们对香的认识具有抽象性，初步形成“香气养性”的观念。

第三节 唐代香道

唐代是香道发展的重要阶段，是香道文化的成熟与完备时期。这一阶段，香道发展较为系统化、全面化，香品的种类越来越丰富，宫廷用香和生活用香都得到相对较好的发展，用香成了唐代礼制的一项重要内容。香具较前代有明显的精细化、轻型化趋向，并有各类新品种涌现。并出现了文人咏香风潮，文人用香与诗文迭出、相得益彰。

香茗

国内南北交流与对外经济贸易的繁荣和香料生产，促进了唐代香文化的形成和发展。在当时社会普遍焚香风气的作用下，唐朝香料的需求量巨大，而本土产量有限，所以进口成了唐朝香料的一个重要来源，外来香料在唐朝香料市场上占据了重要地位。唐朝还出现了许多专门经营香材、香料的商人，东都洛阳即有一批中外商人组成的香行来专营香料。唐人对香料的喜爱，促进了香料贸易的兴盛。社会的富庶和香料产量的增长为香的使用和香文化的发展创造了极为有利的条件。

用香在唐朝成了朝廷的一项制度。唐制规定，凡朝会之日，必须在大殿上设置黼、蹑席，并将香案置于天子的御坐之前，宰相面对香案而立，在弥漫着神奇魔幻的香气中处理国事。唐宣宗时还规定，皇帝本人只有在“焚香盥手”之后，方可批阅大臣进献的奏章。唐朝政府的明文引导对香道的发展也起到一定的推动作用。

在皇室贵族生活中，用香可谓极尽奢侈。杨国忠家冬日烧炭时，将昂贵的白檀木置于炉底作燃料，“以炭屑用蜜捏塑成双凤，至冬月则燃于炉中，及先以白檀木铺于炉底，余灰不可掺也”。崇尚节俭的唐宣宗曾禁止以往皇帝行幸之时“即先以龙脑、郁金籍其地”的做法，不过收效不佳。唐代宁王极为奢侈，每次与宾客议论，必定“先含嚼沈摩，方启口发谈，香气喷于席上”。唐代巨富王元宝，“常于寝帐床前置矮童二人，捧七宝博山炉，自暝烧香彻晓，其娇贵如此。”

唐代贵族爱香嗜香，甚至直接把芳香木材直接用于搭造建筑物。《新唐书·李白传》载唐玄宗在皇宫内建沉香亭；唐敬宗奢侈无度，想造沉香亭，遭到臣子的进谏；王元宝造含薰阁，“以银镂三棱，屏风代篱落，密置香槽，自花镂中出”；杨国忠的四香阁最为典型：用沉香为阁，檀香为栏，以麝香、乳香筛土和为泥饰壁。每每于春时木芍药盛开之际，聚宾友于此阁上赏花。宫中沉香亭，远不及此壮丽。

用香粉涂壁是唐代贵族装饰房屋的时尚。“宗楚客建一新宅、皆是文柏为梁，沉香和红粉以泥壁，开门则香气蓬勃”，其壮丽令太平公主感叹：“看他行坐处，我等虚生浪死。”张易之造大堂：“红粉泥壁，文柏帖柱，琉璃沉香为饰。”刘禹锡写《三阁词》：“沉香帖阁柱，金缕画门楣”“回首降蟠下，已见黍离离。”

贵族平时所用之物、摆设器玩也多取香料为材，如以龙脑香材做棋子："开成中，贵家以紫檀心瑞龙脑为棋子"，欧阳通"常自矜能书，必以象牙、犀角为笔管，狸毛为心，覆以秋兔毫，松烟为墨，末以庯香，日即在墨中掺庯香"。

当然，与皇家贵族的奢靡相比，平民阶层的生活用香呈现另一种风尚。在他们日常生活中，菜肴酒酿、美容装饰、焚香薰衣处处都有香的影子，在生活的各方面都与香息息相关。

在饮食方面，香可用于食物烹饪、酿酒，使其香味鲜美独特，其酒醇香醉人。在日常用香上，有帐中香。韩握《有忆》云："何时斗帐浓香里，分付东风与玉儿。"娱乐宴会时喜欢焚香助兴，如王建《田侍中宴席》："香熏罗幕暖成烟，火照中庭烛满筵"；而在休闲独处、净室幽坐、日常起居时也爱焚香怡情，如白居易《冬日早起闲咏》云："水塘耀初旭，风竹飘徐霞。晨起对炉香，道经寻两卷。"

在唐代，香在沐浴、清洁、面脂、口脂、香水、美发等方面应用广泛。唐代香料深入到美容的方方面面，面脂、口脂、澡豆、手膏、香露，可谓品类繁多，其配方亦是多种多样。香在唐代也用于医疗，绝大多数香料都已成为常用的药材，如龙脑香、安息香、枫香、樟脑、益智、降真香等，也有为数不少的香料医方，如《千金翼方》记载治疗痈疽毒肿"连翘五香汤方"是用连翘、青木香、薰陆香、廖香、沉香、射干、独活、桑寄生、通草、升麻、丁香、大黄等12种药材同水煮，效果极佳。佩香之风到唐代依然盛行不衰，香囊不再局限于用本土香料，较多的采用外来香料，品质得到很大的提升，如同昌公主的五色香囊装着名贵香料，芬芳飘远。

唐代熏笼甚是盛行，覆盖于火炉上供熏香、烘物或取暖。《东宫旧事》记载"太子纳妃，有漆画熏笼二，大被熏笼三，衣熏笼三"。许多宫体诗有很多都提到这种用来熏香的熏笼，如王昌龄《长信秋词》中"熏笼玉枕无颜色，卧听南宫清漏长。"白居易《宫词》曰："红颜未老思先断，斜倚熏笼坐到明。”考古方面，西安法门寺出土了大量的金银制品的熏笼，雕金镂银，精雕细镂，非常精致，皆是皇家用品。

香具到了唐代,呈现精细化、轻型化倾向，出现了大量的金、银、玉器或者“金花银器”制品，虽然皆模仿前朝博山炉的样式，但其外观更加华美。

香炉是唐人用于焚香的器具，质地多样、形式繁多，制作上多追求奢华化。香炉中最常见的形制是鸭子与大象的形象，有些香炉还饰以云母窗。在汉代由古埃及传入的长柄香炉也在此时继续使用，通常这些香炉都是由紫铜掺杂以锑、金等金属材料铸成的。流行的香炉的样式通常是狮子、麒麟等飞禽走兽的形象。

香炉

王元宝就曾“常于寝帐床前雕矮童二人，捧七宝搏山炉，自暝焚香彻夜，其娇贵如此。”但当时更有名的是洛阳佛寺中的“百宝香炉”，百宝香炉是安乐公主送给佛寺的礼物，“珍珠、玛瑙、琉璃、玻拍、珊瑚、车碟、碗琐一切宝贝用钱三万”，以至于“府库之物尽于是矣”，精美奢华可见一斑。

香器可制作得十分精致，李商隐诗“金蟾啮锁烧香入”中之“金蟾啮锁”，似是器物造型，又似装饰图案，还可能是香器部件。将盛香燃香的器皿做成鸭形，则又为一流行风尚，而且鸭之圆腹、矮脚、短颈，憨态可掬，观之可爱可亲，堪称形式美与功能性的高度统一。在诗中，鸭形薰炉与博山炉的意象不同，无论香燃香灭，咏“暖”吟“冷”，都有强烈的生活质感，而且多有闺阁气象：“舞弯镜匣收残黛，睡鸭香炉换夕熏。归去定知还向月，梦来何处更为云”“金鸭香消欲断魂，梨花春雨掩重门。欲知别后相思意，回看罗衣积泪痕。”

在唐代种类繁多的熏香器中，最具艺术价值和收藏价值的当数香囊。其早在汉代就已出现，是一种镂空的空心金属球，镂空图案多为花卉和动物，其内平衡架上悬有一金属制成的焚香盂。主要用来熏衣被和寝具，兼具有杀虫作用，多以金、银、铜、铁制作，以金银材制的香器为上品。据慧林《一切经音义》香囊条：“案香囊者，烧香圆器也，而内有机关巧智，虽外纵横圆转，而内常平，能使不倾。妃后贵人之所有也。”这里面有一个很动人的故事，唐明皇李隆基在安史之乱后，让高力士到马嵬坡寻找杨玉环尸体时，尸体已腐朽，但“唯香囊犹在”的记载中。由此可看出香囊已成为当时后妃贵妇们日常生活中的必备之物。新中国成立后，全国出土的唐代银香囊几乎均出自以西安为中心的陕西关中地区。

由于其精巧玲珑，便于携带，香囊除了放在被褥中熏香外，贵族妇女还喜欢将其佩戴在身上，无论狩猎、出行、游玩，均随身携带。所过之处，香气袭人。另外，在唐代，佩戴香囊绝非娇弱无力的女性的专利，男性尤其是上层贵族也有佩戴香囊的习惯。章孝标《少年行》一诗就描写了一位“异国名香满袖熏”的年轻武士。有时连皇帝也会佩戴香囊，在腊日（岁终祭祀百神之日）的庆典上，就更是非佩戴“衣香囊”不可了。此外，唐代贵族还喜欢在出行的车辇上悬挂香囊。

香囊也可以是纺织品作的精致小袋，内盛各种香料。悬在室内或者佩戴于身，除了熏香与装饰，还有辟邪、传情等含义。唐诗中“香囊火死香气少，向帷合眼何时晓”“香囊盛烟绣结络，翠羽拂案青琉璃”所言，定为金属材质，才可能与“烟”“火”打交道；“凿落满斟判酩，香囊高挂任氤氲”，这是香囊装饰室内的写照；“都家子弟谢家郎，乌巾白抬紫香囊”，为衣物装饰。有时也作情感纠葛的见证。

唐代帝室曾多次迎送释迦牟尼的真身舍利，再将之送回法门寺。法门寺的文物中鎏金银香薰、鎏金银香球，是皇室迎送舍利真身而专门制造的。

香料发展到唐代，自然不同于先秦时期以自然香为主的阶段，来源也比较多样，外来香料是一大新特点，使其发展完全进入了一个新阶段。

香料已成为唐代许多州郡的上贡产品，如商州上洛郡、代州雁门郡、通州通川郡土贡庸香等，而自高祖武德元年（618 年）到德宗贞元七年（791 年）这 173 年之间，番国向唐王朝进贡香料

立香

有：枫香、白胶香、靡香、甲香、豆栽香、詹糖香、沉香、郁金香等八类。但唐朝大部分香料主要仍靠进口，其中一部分通过朝贡贸易获得，因而如广州、扬州这些对外贸易城市成了香料的集散地。

唐朝到底流行哪些香？从唐诗我们大致可以得出成品香和制香用原料有：鸡舌香、野蜂蜜、察香、龙脑、石叶香、沉香和乳香。而香品名称则有：百和香、苏合香、御前香、翠云香等。磨香是另一种贵重香料，采自磨科动物之雄察脐部的香腺。据统计，主要的外来香料有沉香、紫藤香、榄香、樟脑、苏合香、安息香、爪哇香、乳香、没药、丁香、青木香、广藿香、茉莉油、玫瑰香水、郁金香、阿末香、降真香等品种。

棋楠虽是沉香，属香木，但有别于一般的沉香，它在级别上分为六级，而只有上等棋楠才能入品。此外，这种品香用的香木，由于只出产在边陲或外域的广东、广西、云南、贵州、海南、台湾等地区，以及印度尼西亚、中南半岛诸国以及印度南部，且又十分珍稀昂贵，因此在唐代才开始出现在上层阶级中。

龙脑香是唐代名贵的进口香料，被誉为“瑞龙脑”《诸蕃志》云：“（龙）脑之树如杉，生于深山穷谷中，经千百年，支干不曾损动，则剩有之；否则，脑随气泄”，可见其珍贵。随着进口香料的传入，有关香料的知识也随之入华。龙脑香深受唐人偏爱，经常作为文人雅士的吟咏之物出现在唐诗中。如刘禹锡《同乐天和微之深春二十首》：“炉添龙脑灶，缓结虎头花。”

龙涎香是大食国所产香料之一。龙涎香传入中国较晚，是唐代香料之极品。据《香乘》记载，相传龙涎香是龙的唾沫，取之不易，因而珍贵异常。龙涎香最主要用于调制合香，能收敛靡气。即使放置数十年，香味仍存。

唐代也出现很多著名的香方，如旃檀微烟贡香、莲花藏香、天龙香、百和至宝香、柏子贡香等名方，很多万古流芳。

唐代文人阶层的推崇和香道专著的出现，对于香道文化起了传播与推广作用。唐代文人嗜香可谓是一大风尚，如杜甫“朝罢香烟携满袖，诗成珠玉在挥毫”，王维“日色纔临仙掌动，香烟欲傍衮龙浮”。唐代文人嗜用香，但也喜香、爱香，常有诗文吟唱香道。绝大多数的唐代文人都有咏香诗作（或有诗句涉及香），许多人的咏香作品相当之多，如王维、杜甫、李商隐、刘禹锡、李贺、温庭筠等等。据不完全的统计，涉及用香的唐诗至少在102首以上，其内容可分为皇宫用香、寝中用香、日常用香、军旅用香、释道用香、制香原料、合香种类、香品形式、香具类型、香笼的使用等等。

唐代香道专著的出现，如《海药本草》《备急千金要方》《千金翼方》和《外台秘要》，已经汇集了大量香方，对香料的用途、调配有了深入诠释，对于民众来说无疑有着指导的作用，可以说促进了唐代香道文化的总结和发展。

第四节 宋代香道

宋代是中国香道文化的鼎盛阶段。宋代，南方的“海上丝绸之路”，又被称为“香料之路”，大量外国的各种香料进入中国，以至于政府在广州、泉州等港口城市专门设有“市舶司”，掌管包括香料在内的进出口贸易。香道文化也从皇家贵族、文人士大夫阶层扩展到普通百姓阶层，宫廷、祭祀、婚庆娱乐、茶馆酒楼、画廊寺庙等各类场合用香频繁，遍及社会生活的方方面面，并且出现了《洪氏香谱》之类关于香的专著。

焚香

宋代的航海技术高度发达，南方的“海上丝绸之路”比前朝更加繁荣。体积庞大的商船把南亚和欧洲的乳香、龙脑、沉香、苏合香等多种香料运抵东南沿海港口，再转往内地，同时将中国盛产的香料运往南亚和欧洲。可以说，宋代是香的盛世。

北宋开宝四年（971 年）政府设市舶司于广州，随着海外贸易的发展，又陆续于杭州、明州（今浙江宁波）、泉州、密州（今山东诸城）设立市舶司。市舶司的主要职责是负责管理进出口贸易，“掌蕃货海舶征榷贸易之事，以来远人，通远物”（《宋史·职官志》）。太平兴国二年（977 年），初置香药榷易署，当年获利三十万缗。当时，市舶司对香料贸易征收的税收甚至成为国家的一大笔财政收入，足见当时香料的用量之大与香料贸易之繁盛。宋朝政府甚至还规定乳香等香料由政府专卖，民间不得私自交易。

宋朝内廷设有香药库，属太府寺，宋代祥符年间置，“在移门外，凡二十八库”，真宗曾御赐诗一首，为库额，曰：“每岁沉檀来远裔，累朝珠玉实皇居。今晨御库初开处，充尤首宜史笔书”（《内香药库诗赞》），并设有库使、监员及押送香药至内库的官员，掌出纳外来香药、宝石等物。

与前代相比，宋代的宫廷生活较为节俭。但随着上层社会消费香药食品渐为盛行，无论公家私家，何种场合，都频繁用香，且香料消费量巨大，贵族还以香药食品为盛礼。

宋朝历代皇帝都有不少关于香的趣闻轶事。宋高宗幸临张俊王府，张俊宴席上有缕金香药一行：脑子花儿、木香、丁香、水龙脑等；又有砌香咸酸一行：香药木瓜、椒梅香药、藤花砌香、樱桃柴苏柰香等。宋神宗嗜香墨，张遇供御墨，用油烟入脑麝金箔，说这是龙香剂。贵族文人欧阳通每次用墨，必古松烟末，用麝香方才下笔。

宋代皇帝遇有宴饮庆典活动，常赏赐群臣香药，以示恩宠。宋仁宗宴臣下于群玉殿并赐香药等物。宋哲宗绍圣北郊斋宫告成，当天乘车出行，宰臣以下从行，降殿召赐茶，又赐香药。大将张俊去世，宋高宗乃赐七梁花冠貂蝉笼巾朝服一袭、水银二百两、龙脑一百五十两。

宋代一些贵族喜欢饮用香药配酒，认为其有保健效果。有文字记载："苏合香丸，右用十分好醇酒，每夜将五丸浸一宿，次早服一杯，除百病，辟四时寒邪不正之气。"太尉王文正气羸多病，宋真宗面赐苏合香酒一瓶，饮之可活气血、辟外邪，能调五脏，调理腹中诸疾，并出数杯赐近臣，因而当时无论公庶，都仿效这个风尚。

在房间里焚香来净化空气、调养气氛也是一时风尚。真宗时，名臣梅询喜欢焚香熏衣，"每晨起将视事，必焚香两炉以公服罩之，撮其袖以出坐定，撒开两袖，郁然满室浓香"。官僚赵鼎焚香非常奢侈："堂之四隅，各设大炉，为异香数种每坐堂中，则四炉焚香，烟气氤氲，合于从上，谓之香云。"

宋代上层社会在宴会集会时，常焚烧名贵香药。宋徽宗宴客时焚烧大量香药，"朝元宫殿前大石香鼎二，徽宗每宴熙春，则用此烧香于阁下，香烟蟋结凡数里，有临春结绮之意"；权臣蔡京"谕女童使焚香，久之不至，坐客皆窃怪之，已而，报云香满，蔡使卷帘，则见香气自他室而出，霭若云雾，蒙蒙满座几不相睹，而无烟火之烈；既归，衣冠芳馥，数日不歇。"

当时王公贵族以焚燃用香药制作的香烛为乐。南宋叶绍翁《四朝闻见录》载："宋徽宗政宣盛时，以宫中无河阳花烛为恨，遂用龙涎沉脑屑灌蜡烛，列两行数百枚，焰明而香翕，钧天之所无也。"南宋广东经略方兹德以燃香烛为享受，并以此结交权相秦桧，"方兹德帅广东，为蜡炬，以众香实其中，遣驶卒持诣相府厚遗主藏吏，期必达。"

上层社会流行佩戴香囊。宋初越王钱尚文朝贡进献，其中就有香囊、酒瓮和为数不少的珍贵龙涎香，宫中宦官用青丝将之连起来佩戴在脖子上，以示高贵。宋代贵族妇女不但佩香，而且坐的车上也悬挂香囊，"妇女上犊车，皆用二小鬟持香毬在旁，在袖中又自持两小香毬，车驰过，香烟如云，数里不绝，尘土皆香。”可见当时宗室妇女佩戴香囊之多。

有些贵族把香药用于建筑或器具制作中，也有用香沐浴，贵族妇女化妆亦用香药。陈元靓《事林广记癸集》记载了贵族妇女化妆用的“太真红玉膏”：“杏皮滑石轻粉各等分为末，蒸过，入脑麝少许，以鸡子清和匀，常早洗面毕敷之，旬日后，色如红玉。”花粉是贵族妇女化妆时常用的一种香粉。

“宝马雕车香满路”，辛弃疾《青玉案·元夕》的词句间接反映了香在宋代平民生活中的影响力。这也是中国香道文化进入鼎盛时期的一个标志。

宋代，平民百姓用香料制作和食用香药食品日渐成风。很多地方都有吃香药食品的习惯，杭州、临安等地的香药食品花样繁多，如当时广州人有吃“香药槟榔”的习惯，四川人则爱吃以沉香、檀香、麝香和龙脑为原料制作的“香药饼子”，“以切去顶，剜去心，纳檀香、沉香末，并麝（香）少许。覆所切之顶，线缚蒸烂。取出俟冷，研如泥。入脑子少许，和匀，作小饼烧之，香味不减龙涎。”

香药有祛病消暑的作用。宋代词人周邦彦在《苏幕遮》中写有“燎沉香，消溽暑”。描绘的就是平常百姓家焚香避暑的场景。临安城夜市：“夏秋多扑青纱、草帐子、挑金纱、异巧香袋儿、木樨香数株。”其“异巧香袋儿”可能就是香囊，可见香囊已成为许多市民生活中经常佩戴的物品。香药成为妇女化妆之用。秦观《淮海词·南歌子》，“香墨弯弯画，胭脂淡淡匀。”

香药还成为宋代平民百姓娶妻、育子等活动的重要聘物、贺礼、礼仪用品。嫁娶之时“女家接定礼合，于宅堂中备香烛酒果”，而迎亲之日“男家刻定时辰，预令行郎各以执色，如花瓶、花烛、香毬、纱罗……前往女家迎娶新人”。育子的仪式较多，其中有用香汤洗儿：“会亲宾盛集，煎香汤于盆中洗儿，下果子、采钱、葱蒜等，用数丈棕绕之，名曰围盆。”这些传统也一直流传至今。

香也会用于宗教，浴佛节“僧尼辈竞以小盆贮铜像，浸以香药糖水，覆以花棚，铙钹交迎，遍往邸宅富室，以小勺浇灌，以求施利”。

当然，平民生活中自然离不开民俗节日，在这些节日里更是离不开香药的使用。

清明节，东京五岳观就有百姓市民焚香游观：“每岁清明日，放万姓烧香，游观（五岳观）。”另外，自上层贵族至下层社会百姓，往往焚香烧纸、祭扫祖先故墓。

四月八日，浴佛节是佛的生日。东京“十大禅院，各有浴佛斋会，煎香药糖水相遗，名曰浴佛水。”南宋临安“僧尼辈竞以小盆贮铜像，浸以香药糖水，覆以花棚，铙钹交迎，遍往邸宅富室，以小勺浇灌，以求施利”。

五月五日，端午节。宋代人吃香粽、姜桂粽，焚香、浴兰。端午食谱须有：“紫苏、菖蒲、木瓜，并皆茸切，以香药相和。”

七夕之夜，人们设香

宋代龙泉窯香炉

桌，摆出摩侯罗、酒朱、花瓜、笔砚、针线，姑娘们个个呈巧，焚香列拜，称为“乞巧”。

冬至，人们换上新衣，备办食物，大多吃馄饨，如丁香馄饨。也有用馄饨作供品，焚香祭祀祖先。

除夕，人们都洒扫门间，除尘秽、净庭户、换门神、挂钟馗像、钉桃符、贴牌、焚香祭祀祖先。晚上则准备迎神的香、花、供品，以祈新年的平安。

宋代，是中国香道文化发展中一个承前启后的重要阶段。在这一时期，宋代香具沿袭唐代“轻型化”趋势并进一步发展，有很多较为“轻盈”的熏炉出现，虽不是端庄厚重，也为一代名工。

宋代香炉造型很丰富，有各类造型独特的香炉，值得关注的自然是瓷器。宋代烧瓷技术高超，瓷窑遍及各地，瓷香具（主要是香炉）的产量甚大。在造型上或是模仿已有的铜器，或是另有创新。由于瓷炉比铜炉价格低，所以很适宜民间使用。

从宋代的史书到明清小说的描述都可看到，宋代后的香与人们生活的关系已十分密切。这一时期，合香的配方种类不断增加，制作工艺更加精良，而且在香品造型上也更加丰富多彩。除了香饼、香丸、线香等，还已广泛使用“印香”（也称“篆香”，用模具把调配好的香粉压成回环往复的图案或文字），既便于用香，又增添了些许高雅之风。在很多地方，印香还被用作计时的工具。

这一时期，合香的配方种类不断增加，制作工艺更加精良，而且在香品造型上也更加丰富多彩，出现了香印、香饼、香丸等繁多的样式，既利于香的使用，又增添了很多情趣。

宋代之后，与“焚”香不同的“隔火熏香”的方法开始流行起来。即不直接点燃香品，而是先点燃一块木炭，把它大半埋入香灰中，再在木炭上隔上一层传热的薄片，最后再在薄片上面放上香品，如此慢慢地“熏”烤，既可以消除烟气又能使香味的散发更加舒缓。焚香调琴，赏花宴客，独居幽处，月下独酌，自是少不了香的存在。而宋代作为香道文化发展的鼎盛时期，咏香诗文的成就也达到了历史的高峰，香更成为文人日常生活的一部分。两宋时期，关于香的作品有几十首甚至上百首，其中不乏许多文坛名家，如欧阳修、苏轼、黄庭坚、辛弃疾、李清照、朱熹、陆游等等。

欧阳修：“今朝祖宴，可怜明夜孤灯馆。酒醒明月空床满，翠被重重，不似香肌暖。愁肠恰似沉香篆，千回万转萦还断。梦中若得相寻见，却愿春宵，一夜如年远。”

苏轼：“四句烧香偈子，随风遍满东南；不是闻思所及，且令鼻观先参。万卷明窗小字，眼花只有斑斓；一炷烟消火冷，半生身老心闲。”

黄庭坚：“隐几香一炷，露台湛空明。”

辛弃疾：“记得同烧此夜香，人在回廊，月在回廊。”

李清照：“薄雾浓云愁永昼，瑞脑销金兽。”“沈水卧时烧，香消酒未消。”

朱熹：“幽兴年来莫与同，滋兰聊欲洗光风。真成佛国香云界，不数淮山桂树丛。花气无边熏欲醉，灵芬一点静还通。何须楚客纫秋佩，坐卧经行向此中。”

陆游：“一寸丹心幸无愧，庭空月白夜烧香。”“铜炉袅袅海南沉，洗尘襟。”

从这些写香的诗文中可以看出，香道不仅渗入了众多文人的

玉川煮茶图［明］丁云鹏

生活，而且已有相当高的地位，并形成了一定的文人香道文化。即使在日常生活中，香也不单单作为芳香之物，已成为怡情、审美、启迪心灵的妙物。如苏轼、黄庭坚、陆游等许多文人，不仅焚香用香，还私下研制香方，配药合香，彼此互赠，聊以诗兴。苏轼在《苏文公本集》中有大量关于香药的记录和研究性文章。宋元后诗文常见“心字香”，多指形如篆字“心”的印香。杨慎《词品》：“所谓心字香者，以香末萦篆成心字也。”杨万里：“遂以龙涎心字香，为君兴云绕明窗。”王沂孙《龙涎香》：“汛远槎风，梦深薇露，化作断魂心字。”蒋捷：“何日归家洗客袍？银字筝调，心字香烧。”

两宋时期出现一大批影响较大的香学专著。北宋洪刍《香谱》为现存最早、保存比较完整的香药谱录类著作，其中对于历代用香史料、用香方法以及各种合香配方均广而收罗之。并首创用香事项之分类模式：分香之品、香之异、香之事、香之法四大类别，为其后各家香谱所依循。*

此外，宋代还有其他许多香学专著，基本涉及了香药炮制、配方、香史、香文等各方面内容，如沈立《香谱》、丁谓《天香传》、颜博文《香史》、陈敬《陈氏香谱》等。

---

*编者注：《香谱》的作者，虽从宋以来多视此谱为洪刍所作，但《郡斋读书志》提出与所传洪刍《香谱》内容略异的疑点、明陶宗仪《说郛》提出为唐人所撰，以及清《四库全书总目提要》认为似非为洪刍所撰等，对于作者的问题仍有待厘清；此外各传本流传的卷次与内容差异，仍有待更进一步的探究。

第五节 明清香道

明清时期是中国香道文化的普及阶段，延续着宋元的鼎盛阶段。这一阶段，受明清时期巨大的用香需求和政策的影响，社会用香风气较前代更为浓厚，无论是上层社会用香还是平民阶层用香，都极普遍。香具的种类也更为丰富，雕饰精美，香品成型技术更加成熟，制作工艺也更为发达，宣德炉等著名香炉开始出世。

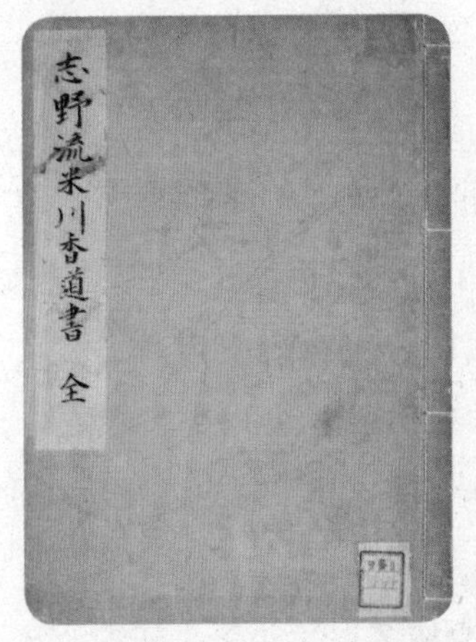

日本香谱

明朝之前，封建政府对于番香的态度都抱以支持和鼓励。到明朝却出现了特殊情况，明太祖朱元璋不仅拒绝番香，更进一步限制番香的入境贸易和使用，缘由是警惕“海外诸夷多诈”。建文帝时，广东地方政府更是多次“备榜条陈”，对番香禁令做出了更为详细的要求和说明，直接提出在祭祀中应该使用中国本土香料，排斥番香。虽然本土香料得到了巨大发展，但显然是无法满足明朝强烈的用香需求的。

因此，明朝对外交流受到了很大影响，香料贸易更是深受其害。但是，海外的香料仍然还是通过各种渠道和方式进入中国内地，香料的输入反而更为多样。

首先，朝贡贸易保证了香药贸易的持续。明朝政府虽然禁止民间香料交易，但却允许政府控制下的“朝贡贸易”，其中最著名的当数郑和七次下西洋。

郑和在下西洋沿途换回来的物品中，香料占了很大的比重，包括胡椒、檀香、龙脑、安息香、苏合香等。这些香料除了供皇宫使用以外，大部分被销往国内各地。郑和下西洋促进了更多国家来华进贡通好，朝贡贸易因此达到了空前兴盛。

其次，走私贸易输入香料。明初朝贡贸易阻断了中外民间贸易的往来。禁番香政策规定民间不准私自买卖番香，如有违规则受之重罚。但即便如此，番香走私活动仍日益猖獗。据明史天方传记载：“番使多贾人，来辄挟重资与中国市”，这些朝贡的使团常携带大量私货赴京并在途中违禁交易；如洪武二十一年，暹罗使臣路经温州时，私自与当地人交易沉香等物；洪武二十三年，琉球国来贡的通事私携乳香等香料进京被查获。

第三，合法贸易输入香料。随着用香的普及和各个阶层日益强烈的需求，朝贡贸易香料已经无法满足明朝日常的用香需求了。到了明朝后期，政府逐渐允许在广东、浙江、福建等沿海地区进行民间贸易，香料贸易合法化，贸易空前繁荣。以福建为例，隆庆开放后，私人出海贸易取得了合法的身份，月港进入了最繁华的时期。如《海澄县志》描述的在月港“寸光尺土，捋比金。水犀火浣之珍，玻轴龙延之异，香尘栽道，玉肩盈衢。画�迷江，炎星不夜，风流鲮于晋室，俗尚轴乎吴越”。可见，月港贸易十分繁荣。

到明朝后期，葡萄牙商人充当了海外香料进口贸易的主力军，从印度和东南亚等地运送大量香料。《明史·佛郎机传》载：“自统死，海禁复弛。佛郎机遂纵横海上无所忌。”1511年，葡萄牙殖民者占据了马六甲，并以此为据点向东南亚和中国扩张。1514年，他们发现一公担胡椒在马六甲卖四杜卡特，运到中国可以卖到十五杜卡特。嘉靖元年（1522年），葡萄牙商船到达福建语均岛，运来了大量东南亚、南亚出产的胡椒、乳香、沉香、苏木、檀香等香料，投入中国市场。

在本土香料来源地中，香港和澳门城市的形成与香有着密切的联系。据《明史·食货志》载，葡萄牙人得以居住澳门与当地官员想借助他们得到龙涎香有着很大的关系。明朝，香港原属于东莞，后划新安属香港。这个地区沉香种植业非常发达，所产的沉香品质很高，码头、港口都是沉香的集散流通地，香港地名由此而来。

到了明清，无论是宫廷制香还是民间制香都已形成很大的规模和较好的分工，在香品成型方面有较大发展。

明清时期，宫廷制香产生了很多精品和新品，一般皇宫中所调制的薰香品质佳，而且会印上标记，标识宫中用品。嘉靖年间造的“世庙枕顶香”，宣宗时造的“甜香”，还有“沤手香”皆为不可多得的精品。清代的文献中关于清宫制作调配香料的记载也很多，如“恩赐内制香定一匣，窑器一匣”，“内制香”就是皇宫中所制的香料；钦定工部御制香，意为让工部准备制作香料；在慈禧太后和光绪皇帝美容化妆品中有一个常用的叫作“香肥皂”，即御医用香皂加入了若干中药，以祛除污垢，滋润皮肤。

在民间制香，香料买卖繁荣，制作工艺更加成熟，有些堪称绝技，所制香品并不比宫廷香品差，如刘鹤制、尚齐制、吴恭顺家制的香饼等。到了清代，制香尤以北京和江浙一带最繁荣，北京合香楼香蜡铺是当时最著名的制香铺子，主要产品有三种：一是线香，以细似粗线而故名，俗称高香，专供香客烧香祭祀用；二是鞭杆子香，以粗长似鞭子之杆故名，此香为居民燃香计时用；三是杷兰香，富有人家用于薰香居室。此外出名的还有陕西的制香、苏州制香、扬州香粉等，其中苏州挽线香业以朱可文香饰和吴龙山香粉为最，线香以平江路新桥堍双茂生和濂溪坊端木家为最著名，而香粉则以月中桂为优。而明末清初，扬州的戴春林香铺慢慢风行全国，之后独领风骚近两百年，才有薛天赐、谢馥春等逐渐占领当时的市场。

在明清时期，线香广泛流行，成型技术也有较大提高，从明初时的比较粗发展为比较细。制香方法基本用唧筒压出线型香泥，品种优良的线香多被视为佳品，用作礼品；到了明代中期，“棒香”已常被使用，《遵生八笺》也曾记载过棒香的制法。明代中期以后还有一种形状特殊的香叫作“龙挂香”，类似现在的塔香，一端挂起，悬空燃烧，盘旋如字形或物象，常被视为高档的雅物，《本草纲目》载：“线香……成条如线也，亦盘成物象字形，用铁铜丝悬炙者，名龙挂香。”

明代的香具品类比较齐全，不仅广泛使用前代香具，而且开始使用香筒、卧炉、香插等新兴香具。这一时期，香炉形制大多较小，无炉盖或有简易炉盖，铜炉较为盛行，也有雕饰精美的香具。

明朝嘉靖官窑也有所谓的“五供”，是指由一炉、两烛台、两花瓶组成的成套供器，用于祭祀及太庙、寺观等正式场合。

明清最著名的香具应属“宣德炉”。明朝宣德年间，宣宗皇帝曾亲自督办，差遣技艺高超的工匠，利用真腊（今柬埔寨）进贡的几万斤黄铜，另加入国库的大量金银珠宝一同精工冶炼，制造了一批精美绝伦的铜制香炉，这就是成为后世称奇的“宣德炉”。“宣德炉”所具有的种种奇美特质，即使以现代冶炼技术也难以复现。

大明宣德炉的基本形制是敞口，方唇或圆唇，颈矮而细，扁鼓腹，三棱钝锥形实足或分裆空足，口沿上置桥形耳、了形耳或兽形耳，铭文年款多于炉外底，与宣德瓷器款近似。

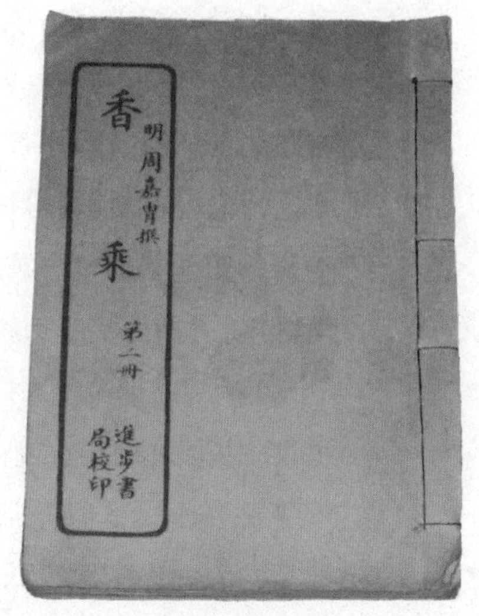

冷香斋藏 香乘

除铜之外，还要加入金、银等贵重材料，所以炉质特别细腻，呈暗紫色或黑褐色。一般炉料要经四炼，而宣德炉要经十二炼，因此炉质会更加纯细，如婴儿肌肤。鎏金或嵌金片的宣德炉金光闪闪，给人一种不同于凡器之感。

宣德炉最奇在色，其色内融，从黯淡中发奇光。史料记载其有四十多种色泽，为世人钟爱，其色的名称很多。例如紫带青黑似茄皮的，叫茄皮色；黑黄象藏经纸的，叫藏经色；黑白带红或淡黄色的，叫褐色；如旧玉之土沁色的，叫土古色；白黄带红似棠梨之色的，叫棠梨色，还有黄红色的底再套上五彩斑点的，叫仿宋烧斑色；比朱砂还鲜红的斑，叫朱红斑；轻者如枣红色、琥珀色、茶叶末、蟹壳青等等。

明朝万历年间的大鉴赏家、收藏家、画家项元汴（子京）说：“宣炉之妙，在宝色内涵珠光，外现澹澹穆穆。”宣德炉放在火上烧久了，色彩绚烂多变，如果长时间高温下放置或扔在污泥中，拭去泥污，也与从前一样。

文人士大夫各种居室，如书斋、茶室、卧室、客厅、尉木等都有焚香。文人用香，比较雅致，注重生活的情趣和品位。

讲究不同的居室环境，焚用不同的香料。《晦斋香谱》序中言“一草一木，乃夺乾坤之秀气；一干一花，皆受日月之精华。故其灵根结秀，品类靡同。但焚香者要谙味之清油，辨香之轻重。迩则为香，迥则为声。真洁者，可达宫苍；混杂者，堪供赏玩。琴台书几，最宜柏子沈檀；酒宴花亭，不禁龙涎、栈、乳。故该语云‘焚香挂画，未宜俗家’。诚斯言也。”琴台书案之间，适合焚烧柏子、沉檀等香；酒宴花亭之侧，不禁龙涎、栈、乳等香。

甚至讲究不同方位的居室，焚用不同的香。《晦斋香谱》中言东方主青气，属木，主春节，适宜“东阁藏春香”；南方赤气，属火，主夏季，有“南极庆寿香”；西方位之书斋、经阁则“西斋雅意香”，其按云“西方素，气主秋，宜书斋、经阁内焚之。有亲灯火、阅简编、消酒襟怀之趣”。而北方，主冬季，有“北苑名芳香”，适合在围炉赏雪时焚用。至于中央，黄气，属上，主四季，有“四时清味香”“书堂画馆，酒榭花亭，皆可焚之，此香最能解秽”。五个不同方位的阁苑，主不同季节，又各属五行，故有不同的香方采用不同的焚用方式，可见明代中后期的文人士大夫们对生活意趣的追求。

对文人士子们来说，书斋不仅是读书求学的处所，也是悠闲适致、怡情养性的自娱佳地。他们不仅十分注重书斋的环境，或独辟处，周围种植花木，或直接建于同林之中，而且对家具布置、器物陈设及图书收藏也极其讲究。书裔中一般都藏有香物，有香炉等香器，用以焚香。高濂言书室中要设提阵。以藏香物，“嗜香者，不可一日去香。书室中，宜制提匣，作三撞式，用锁钢启闭，内藏诸品香物，更设磁盒瓷罐、铜盒、漆度、木度，随意置香，分布于都总管领，以便取用。须造子口紧密，勿令香泄为佳。俾总管司香出入紧密，随遇爇炉，甚惬心赏”。房德的书房有香炉焚香，“这书室庭户虚敞，窗槁明亮，正中挂一幅名人山水，供一个古铜香炉，炉内香烟馥郁。”

周嘉胄介绍书斋时曰“窗前醒读香”，读书时若有倦意，焚烧此香，便可神清气爽，不思睡眠。高濂则以为“越邻香、甜香、万春香、黑龙挂香，香之温润者也……温润者，晴窗拓帖，挥麈闲吟，篝灯夜读，焚以远避睡魔，唯古伴月可也”。

焚香伴读作文，是文人们的共同追求。唐伯虎有画一轴，题云：“正是骚人安稳处，一编文字一炉香”。李华常“沈水香甜罢读书，簦花飞溅玉轉餘”，“长曰乐清矿，焚香读异书”。上海士人顾从礼有研山斋，书斋中常焚烧龙涎香，“炎内府龙涎香，恍然如在世外，不复知有京华尘土”。陈继儒认为“胜客晴窗，出古人法书名画，焚香评赏，无过此时”。可见文人们焚香伴读，可谓为明代中后期文人士大夫追求的闲适雅致生活的重要方式之一。

紫砂茶宠

书斋之文房四宝亦有讲究。墨，有入香制成者，“亦须白金一斤易墨三斤，闻亦有珍珠、麝香云”。明人方于鲁之《方氏墨谱》，以百花香露入墨，并作诗以志其事，创造出墨史上一段佳话。纸，常用者亦有“香纸”。

在家居生活中，焚香品香，类如煎茶品茶，是文人雅士的一项专门的生活内容，是一种讲究的生活艺术。品香活动对焚香的要求高，明人高濂《遵生八笺》中列举了“焚香七要”，为香炉、香盒、炉灰、香炭墼、隔火砂片、灵灰、匙箸。明人焚香讲究“焚香取味”，借助炭火之力使香丸香饼散发香味。

当然，文人也免不了焚香吟香。文徵明《闻香》：“绿叶荧荧宿火明，碧烟不动水沉清。纸屏竹榻澄怀地，细雨轻寒燕寝情。妙境可能先鼻观，俗缘都尽洗心兵。日长自展南华读，转觉逍遥道味生。”

“绿衣捧砚催题卷，红袖添香伴读书。”这句诗可谓道尽了中国古代文人的书斋心境，出自袁枚女弟子席佩兰的《寿简斋先生》。袁枚亦有《寒夜》一诗：“寒夜读书忘却眠，锦衾香尽炉无烟。美人含怒夺灯去，问郎知是几更天。”焚香读书忘寝而被夫人训斥，颇为有趣。

明清时期，关于香的描写最出名的著作当属《红楼梦》。从《红楼梦》前八十回对香的描写来看，曹雪芹不仅有日常用香的习惯，且深谙和香之法。贾宝玉《夏夜即事》亦是曹雪芹的生活的写照：“倦绣佳人幽梦长，金笼鹦鹉唤茶汤。窗明麝月开宫镜，室霭檀云品御香。”和香之法则有“此香乃系诸名山胜境内初生异卉之精，合各种宝林珠树之油所制，名‘群芳髓’”。据《本草纲目拾遗》载，康熙年间曾有香家为曹雪芹祖父曹寅制藏香饼，香方得自拉萨，用沉香、檀香等20余味中药。

明清时期的香学文论也较为丰富，各类书籍都常涉及香，其中影响最大、最突出的应数周嘉胄的《香乘》。周嘉胄是明末文士，今江苏扬州人。《香乘》是一部内容颇为丰富的香学专著，汇集了与香有关的多种史料，广泛涉及香药、香具、香方、香文、轶事典故等内容，但遗憾的是，不同类别香品的香药炮制要诀及，和香规程与香方的应时变化之理等方面的内容皆有所空缺，是为不周之处。周嘉胄还著有《装潢志》，乃书画装裱方面的重要著作。

第二章

香道功能

周嘉胄在《香乘》自序中云："香之为用，大矣哉。通天、集灵、祀先、供圣、礼佛，借以导诚祈仙，因之升举。至返魂、祛疫、辟邪、飞气，功可回天"，又说"有供焚者，有可佩者，又有充入药者"。可见，香道的功能，从焚香祭祖，到日常生活的各个方面以及宗教、国学、礼仪、养生等都有千丝万缕的关系。

唐鎏金狐狸花草纹五足银熏炉

第一节 古代用途

在中国古代，香是实用性的，也是文化性的。其主要用途，可以概括为以下 11 种：

1. 医药之用

《神农本草经》载：“香者，气之正，正气盛则除邪避秽也。”古人很早就发现了香的医疗作用。可以说在中国香道文化中，香最原始最重要的作用就是保健、祛病除邪等医药之用，中国香道祛病除邪是传统医药养生的秘诀。

古人在先秦时期就意识到“香气养性”这一养生观念，并将其广泛应用于生活的各个方面，因此香料也被称作香药。从中医的角度来说，焚香当属外治法中的“气味疗法”。制香所用的原料，绝大多数是木本或草本类的芳香药物。燃烧发出的气味，具有免疫辟邪、杀菌消毒、醒神益智、养生保健等功效。原料药物四气五味的不同，制出的香各功能也不同，有的解毒杀虫、有的润肺止咳、有的防腐除霉、有的健脾镇痛。

很多香料是中国传统中医入药的重要材料，很多医书中或本草中都有关于香料的记载。如名医华佗就曾用丁香、百部等药物制成香囊，悬挂在居室内，用来预防“传尸疰病”，即现在的肺结核病。明代医家李时珍的《本草纲目》中记载用“线香”入药：“今人合香之法甚多，唯线香可入疮科用。其料加减不等，大抵多用白芷、独活、甘松、三柰、丁香、藿香、藁本、高良姜、茴香、连翘、大黄、黄芩、黄柏之类，为末，以榆皮面作糊和剂。”李时珍用线香“熏诸疮癣”，方法是点灯置桶中，燃香以鼻吸烟后咽下。除此之外，还可“内服解药毒，疮即干”。

不同药性的香料对人体的作用不同。《神农本草经疏》记有“木香，味辛湿无毒，主邪气、辟毒疫温鬼”。“安息香，芬香通神明而辟诸邪”，谈及沉香时说：“凡邪恶气之中，人必从口鼻而入。口鼻为阳明窍，阳明虚则恶气易入。得芬芳清阳之气，则恶气除而脾胃安。”

那么，香药对人体产生作用的原理为何？《黄帝内经》中提到“其有邪者，浸形以为汗，即药物蒸汽，熏蒸肌表汗孔开汇，邪从汗解”。其实，人通过呼吸、涂抹等途径摄入的芳香成分，其质量虽小，却能影响整个神经—内分泌—免疫网络系统，并被“放大”“延伸”从而引起人体内的一系列变化。当一种香气使人产生舒缓、放松、美好的体验时，它不仅是一种心理感受，而是伴有脑电波、激素、血压等众多生理指标的改变，从而达到强身健体的养生功效，这就是香作用于人体的基本机制和原理。

香作为医药之用，有香药、香茶。《香乘》共载有9种方子：丁香煎圆、木香饼子、豆蔻香身丸、透体麝脐带、独醒香、经御龙麝香茶、孩儿香茶及另外两种香茶。

宋代，无论是皇宫还是民间还流行一种苏合香酒。《彭乘墨客挥犀》记载：“王文正太尉气羸多病。真宗面赐药酒一瓶，令空腹饮之，可以和气血辟外邪，文正饮之大觉安健，因对称谢，上曰‘此苏合香酒也’，每一斗酒以苏和香丸一两同煮，极能调五脏，却腹中诸疾，每冒寒夙，兴则饮一杯，因各出数盒赐近臣，庶之家皆效为之，因盛于时。”

北宋沈括的《梦溪笔谈》卷九：“此药本出禁中，祥符中赏赐近臣。”记载的就是苏合香丸的治病疗效。北宋真宗曾经把苏合香丸炮制成的苏合香酒赐给王文正太尉，此酒“极能调五脏，却腹中诸疾。每冒寒夙兴，则饮一杯。”宋真宗也将苏合香丸数篚赐给近臣，苏合香丸因此风靡一时。此外，在中国的金创药及祛瘀化脓等方剂中，乳香、麝香及没药等，都是非常重要的成分。

当时也有将香药调入饮食中制作成香药果子、香药糖水，并调龙脑、麝香入“龙凰茶园”中。制作名贵的墨锭也常调入龙脑、麝香。《武林旧事》卷六也有以沉香水饮用的记载。

清代著名医学家赵学敏的《本草纲目拾遗》录有曹府特制的“藏香方”，是将沉香、檀香、木香、母丁香、细辛、大黄、乳香、伽南香、水安息、玫瑰瓣、冰片等20余种气味芳香的中药研成细末后，用榆面、火硝、老醇酒调和制成香饼。赵氏称藏香有开关窍、透痘疹、愈疟疾、催生产、治气秘等医疗保健的作用，其言不虚。因为制作藏香所用的原料本身就是一些芳香类的植物中药，其燃烧后产生的气味有除秽杀菌、祛病养生之功效。

许多现代科学研究也指出，香味有益于人体健康。耶鲁大学精神物理学中心的学者指出苹果香薰的气味可以使焦虑的人降低血压，并避免惊慌；薰衣草可以促进新陈代谢，使人提高警觉。辛辛那提大学相关测验显示，空气中所加入香气，可以提高工作效率。这些发现使得精油等芳香疗法的健身方式极为流行。可见，古人把香作为医药之用还是很有科学依据的。

2. 祭祀庆典

以香道祭天敬圣是中华民族礼仪的一种表达。古人焚香祭祀天地、神灵、祖宗、圣人的习惯从商周延续至今，不同的民族、地区和敬奉的对象的不同，具体的仪式规程不尽相同，但都强调人的内心所要保持虔诚、良好、纯净的心态，即诚心、恭敬心、清净心、感恩之心、慈悲之心、忏悔之心、知足之心等，这是敬香和所有祭祀活动中最重要的因素。此外，古人将良好的心态贯穿到神情、仪态、举止动作之中，达到内外的端庄和虔敬并在心中默念所敬奉的神明和祈愿的内容，祈愿他人获得幸福，并回报神明的恩典等。同时，用相应的姿势和动作强化自己的信念，如低头、合掌、躬揖、跪拜、匍匐等，借着缭绕的烟雾，传达心中那份敬意与追思，以达到感应神灵、敬奉神灵、敬奉先圣、祈福免灾的目的。

中国历代都有很多关于祭祀及举行典礼时用香的记载。如北宋仁宗庆历年间，由于河南开封地区发生旱灾，仁宗就在西太乙宫焚香祈祷求雨，仪式中曾焚烧龙脑香 17 斤。可以说此方式在后世基本成了一种约定俗成的仪式。

古埃及人最初便将香运用在繁复的礼拜仪式中，其在祭祀的过程中，有时甚至燃烧数以吨计的香，乃至死亡时其复杂的埋葬和防腐方式也需要用到大量香料和香膏。古巴比尔的祭司常在宝塔形的建筑顶上点燃成堆的馨香来祭祀天神，他们认为在高塔上焚香，能使人更接近诸神。虽与中国相隔千里，两者的祭祀理念却不谋而合。

3. 焚香礼拜

凡有佛寺之处必有香烟萦绕，居士之家也必设香案宝鼎。佛教认为香与人的智能、德行有着特殊的关系。妙香与圆满的智慧相通相契，修行有成的圣贤甚至能散发特殊的香气。佛教还把香引为修行的法门，借香来讲述心法和佛理。佛教认为“香味佛使”，“香为信心之使”，上香是佛事中必有的内容。香也是佛殊胜的供养，《法华经·法师品》列“十种供养”：花、香、璎珞、涂香、烧香、缯盖、幢幡、衣服、伎乐、合掌，其中四种都是香品。佛家认为香对人的身心有直接的影响。好香不仅芬芳，使人心生欢喜，而且能助人达到沉静、空净、灵动的境界，于心旷神怡之中达于正定，正得自性如来。而且好香的气息对人有潜移默化的熏陶，可培扶人的身心根性向正与善的方向发展。好香如正气，若能亲近多闻，则大为受益。拈香供佛，是借香熏染自性清净，贴近诸佛菩萨本怀。在清爽芬芳的氛围中，尘世的纷扰、纠葛逐渐退去，取而代之的，是身心的轻逸、持稳；凝神静观袅袅香烟，借此，人天的距离被拉近了，诸佛菩萨如现眼前，怀慰着众生的疾苦。香，可谓是凡界圣者间的信使。所以，佛家把香视为修道的助缘。

清代碧玉香囊

香在道教仪式中也被普遍使用。

道教经典对于用香也有明确的阐述，认为香可辅助修道，有“通感”“达言”“开窍”“辟邪”“治病”等多种功用。

像隐身的精灵，你摸不着它，看不到它，可它却能自鼻根直达身心的根底，激活你最真实的感受。像敞开的双臂，它能超越语言的隔阂，弭平种族文明的差距。置身于袅袅娜娜的香中，所有人都能恣意畅怀，任心灵的悸动自在奔驰。香是人类史里颇富美感的一笔，也是文化长流中最粲然耀眼的光影。

芬芳的香气，能深入人的意识深处，唤醒过往的生命体验。当阵阵清香悠缓地浮荡在空气之中，它便带领着人们一步步迈向心灵之地，一点一滴开发本性里待耘的良田。

4. 熏染之香

中国焚香熏香习俗源远流长。早在西汉就有记载以焚香来熏衣的风俗。衣冠芳馥更是东晋南朝士大夫所盛行的。《后汉书·钟离意传》记载，“蔡质《汉官仪》曰‘尚书郎入直台中，官供新青缣白绫被，或锦被，昼夜更宿，帷帐画，通中枕，卧旃蓐，冬夏随时改易。太官供食，五日一美食，下天子一等。尚书郎伯使一人，女侍史二人，皆选端正者。

伯使从至止车门还，女侍史絜被服，执香炉烧熏，从入台中，给使护衣服’也。”可见当时用香熏烤衣被是宫中的定制，并且有专门供香熏烤衣被的曝衣楼，有古宫词写到“西风太液月如钩，不住添香摺翠裘。烧尽两行红蜡烛，一宵人在曝衣楼”。当时熏香的器具很多，主要为熏炉和熏笼。在河北满城中靖王刘胜墓中，发掘的“铜薰炉”和“提笼”就是用来熏衣的器具；湖南长沙马王堆一号墓出土的文物中，也有为了熏衣而特制的熏笼。

在唐代，由于外来的香输入量大，熏衣的风气更是盛行。唐代熏笼也被广泛使用，多被覆盖于火炉上供熏香、烘物或取暖。《东宫旧事》记载：“太子纳妃，有漆画熏笼二，大被熏笼三，衣熏笼三。”反映当时宫中生活的宫体词也多有都提到用来熏香的熏笼，如“花落尽阶前月，象床愁倚熏笼”（李煜《谢新恩》），“凤帐鸳被徒熏，寂寞花锁千门”（温庭筠《清平乐》）。西安法门寺也出土了大量金银材质的熏笼。除了熏笼外，还有各种动物形状的熏炉，用来取暖，特别是唐以后的使用更加广泛。

两宋时期，熏染之风更为盛行。据《宋史》载，宋代有一个叫梅询的人，在晨起时必定焚香两炉来熏香衣服，穿上之后再刻意摆拂衣袖，使满室浓香，当时人称之为“梅香”。北宋徽宗时，蔡京招待访客也曾焚香数十两，香云从别室飘出，蒙蒙满座，来访宾客衣冠的都沾上芳馥的香气息，数日不散。宋代一些官宦士大夫家比较流行使用鸭形和狮形的铜熏炉，称为“香鸭”和“金猊”。著名女词人李清照就多次于作品中提到熏香的器具，如《凤凰台上忆吹箫》：“香冷金猊，被翻红浪，起来慵自梳头”，《醉花阴》：“薄雾浓云愁永昼，瑞脑消金兽。”

到了明清，香的熏染之用也很常见。高濂以为：“越邻香、甜香、万春香、黑龙挂香，香之温润者也……温润者，晴窗拓帖，挥麈闲吟，篝灯夜读，焚以远避睡魔，唯古伴月可也。”

5. 悬佩之香

古代很早就有佩香的风俗，《尔雅·释器》“妇人之袆，谓之缡。”郭璞注：“即今之香缨也。”《说文·巾部》“帷，囊也。”段玉裁注：“凡囊曰帷。”《广韵·平支》：“缡，妇人香缨，古者香缨以五彩丝为之，女子许嫁后系诸身，云有系属。”这种风俗是后世女子系香囊的渊源。

先秦时，从士大夫到普通百姓都随身插戴香草、佩戴香囊，可谓是一时风气。

《礼记·内则》：“男女未冠笄者，鸡初鸣，咸盥漱，拂髦总角，衿缨皆佩容臭。”这里讲的就是古代少年在拜见长辈时，在鸡第一次打鸣的黎明就梳好头发，佩戴好香囊，以示尊重和礼貌。

魏晋之时，佩戴香囊更成为雅好风流的一种表现，东晋谢玄就特别喜欢佩紫罗香囊，谢安担心其玩物丧志，但又不想伤害他，就巧妙用嬉戏的方法成功将香囊烧废，成为历史上的一段佳话。而后香囊则成为男女常佩的饰物，秦观《满庭芳》“销魂当此际，香囊暗解，罗带轻分”。的句子便是明证。

香囊不仅被用于随身佩戴，还被用来散撒或悬挂于帐内。据载，后主李煜宫中有主香宫女持百合香、粉屑各处均散。洪刍在《香谱》中则提到后主自制的“帐中香”，即“以丁香、沉香及檀香、麝香等各一两，甲香三两，皆细研成屑，取鹅梨汁蒸干焚之”。

宋代上层社会也流行佩戴香囊。宋初越王钱尚文朝贡进献的贡品中就有香囊和数量不少的珍贵的龙涎香。宫中宦官用青丝将之佩戴在脖子上，以示高贵。宋代贵族妇女不但随身佩香，还在坐车上悬挂香囊，“妇女上犊车，皆用二小鬟持香毬在旁，在袖中又自持两小香毬，车驰过，香烟如云，数里不绝，尘土皆香”，可见当时宗室妇女佩带香囊之寻常。

在宋词中常有“油壁香车”“香车宝马”这样的词，大概指悬挂香囊的犊车。晏殊的“油壁香车不再逢，峡云无迹任西东。”李清照的“来相召，香车宝马，谢他酒朋诗侣”。

6. 香木建筑

中国古代有用香木建筑的传统，尤其见于皇家贵族的宫室。香料有时还用作建筑的装饰材料。如《香乘》中言“以其质香，故可以为膏泽，可以涂宫室”。

唐代贵族爱香嗜香，甚至直接把芳香木材直接用于营造建筑物。这些前面已有介绍。

唐代以后，如两宋、明清亦有将香木用于建筑的现象。如清代皇室在承德的夏宫中，其梁柱与墙壁都是西洋杉所制造，而且刻意不上漆，让木材的芳香直接渗入空气中。伊斯兰教清真寺的建筑也常用及香料，将玫瑰露和麝香混合在灰泥中，正太阳一照射，温度升高，香气就会发散出来。

7. 宴会之香

在中国古代宴会中，常焚香自净，袅袅香烟，香是宴会集会中不可缺少的。

宋代，上层社会在宴会集会时，常焚名贵香药。宋徽宗宴客时焚烧大量香药，“朝元宫殿前大石香鼎二，徽宗每宴熙春，则用此烧香于阁下，香烟蟋结凡数里，有临春结绮之意”；权臣蔡京“谕女童使焚香，久之不至，坐客皆窃怪之，已而，报云香满，蔡使卷帘，则见香气自他室而出，霭若云雾，蒙蒙满座几不相睹，而无烟火之烈；既归，衣冠芳馥，数日不歇”。

春宴、乡会、文武官考试及第后的“同年宴”以及祝寿等宴会细节烦琐，因此官府特别差拨“四司六局”的人员专司。《梦粱录》卷十九中说，“六局”之中就有“香药局”来掌管“龙涎、沈脑、清和、清福异香、香叠、香炉、香球”及“装香簇细灰”等事务，专司香事。

在宴会生活中，焚香品香，类如煎茶品茶，是明代文人雅士一项专门的集会内容，是一种讲究的生活艺术。品香活动对焚香的要求高，明人焚香讲究“焚香取味”，借助炭火之力让香丸、香饼散发香味。

8. 考场焚香

在中国多样的用香的场合中有一个特殊的场合——考场用香在唐朝成为朝廷的一项制度。

唐制规定，凡朝会之日，必须在大殿上设置黼、蹑席，并将香案置于天子的御坐之前，宰相面对香案而立，在弥漫着神奇魔幻的香气中处理国事。唐宣宗时还规定，皇帝本人只有在“焚香盥手”之后，才能批阅大臣进献的章奏。

于是，在唐代及宋代，于礼部贡院试进士日，都要设香案于阶前，先由主司与举人对拜，再开始考试。

宋朝欧阳修曾作一首七言律诗《礼部贡院阅进士就试》来描写这种情景：“紫案焚香暖吹轻，广庭春晓席群英，无哗战士御枚勇，下笔春蚕食叶声。乡里献贤先德行，朝廷列爵待公卿，自惭衰病心神耗，赖有群公鉴裁精。”欧阳修另一首诗又写道：“焚香礼进士，彻幕待经生。”也说明了考进士时以焚香待之的礼遇。

9. 印篆之香

为了便于香粉点燃，可合并香粉末，用模子压印成固定的字形或花样，然后点燃，循线燃尽，这种方式称为“香篆”。印香篆的模子称为“香篆模”，多以木头制成。

篆香又称百刻香。它将一昼夜划分为一百个刻度，寺院常用其作为计时器。元代著名天文学家郭守敬就曾制出精巧的“屏风香漏”，通过燃烧时间的长短来对应相应的刻度以计时。这种篆香，不仅是计时器，还是空气清新剂和夏秋季的驱蚊剂，在民间流传很广。

香篆也称香印，在焚香的香炉内铺上一层砂，将干燥的香粉压印成篆文形状，使字形或图形绵延不断，一端点燃后循线燃尽。由于取用的香呈松散的粉状，所以在点燃之前才以模造成绵延不断的图形，加上移动模子时易碰坏图形，因此使用时并不方便。也许正因如此，南宋杭州城的住宅区内出现了专门为人“供香印盘”的服务业，他们包下固定的“铺席人家”，每天去压印香篆，按月收取香钱。在宋人的笔记《梦粱录》卷十三“诸色杂货”条中便有香篆的记载：“且如供香印盘者，各管定铺席人家，每日印香而去，遇月支请香钱而已。”

唐宋时，人们点香计时，以香料捣成末，调匀后洒在铜制印盘里，一般制成篆文“心”字形状，点其一端，依其篆形印记，烧尽计时。唐代白居易《酬梦得见戏长斋》诗：“香烟朝烟细，纱灯夕焰明”，王建《香印》诗：“闲坐印香烧，满户松柏气”，五代冯延巳《鹊涵枝》里有“香印成灰，起坐浑无绪”，讲的都是这种能计时的香印。宋代熙宁年间出现了一种更为科学的“午夜香刻”：“时待次梅溪始作百刻香印以准昏晓，又增置午夜香刻如左：福庆香篆，延寿篆香图，长春篆香图，寿征香篆。”这是中国古人的创举，反映其聪明巧智与审美情趣，把印香做成各种图形，寄予古人对生活的美好期待与良好祝愿。

10. 美容化妆

香料常作为古代妇女美容化妆之用。《本草纲目》中对美容有特殊作用的藿香、麝香、零陵香、龙脑、白花、细辛等香料有详细的介绍。至于一些美容香方，更是多样。如用来擦脸的“和粉香”：“官粉十两、蜜陀僧一两、白檀香一两、黄连五钱、脑麝各少许、焓粉五两、轻粉二钱、朱砂二钱、金笛五个、鹰条一钱，右件为细末，和匀傅面”。有“面香药”，作洗面汤用，可除雀斑、酒刺，其方为“白豪本、川椒、檀香、丁香、三柰、鹰粪、白藓皮、苦参、防风、木通”。

明代中后期，男子也渐有化妆之习。万历年间，学道在巡视浙江湖州府时，发现一些生员“俱红丝束发，口脂面药”。且明人已始用香水。洪武时，海外便有进献香水“阿剌吉”。这种进口香水比较稀贵，一般只在皇族和官僚贵族及富豪家庭中使用。明代中后期，随着蒸馈工艺在中原流传，民间也自行制作香水。在明人的制作实践中，所发现的可用来蒸馏香水的植物种类越来越多样，如蔷薇、桂花、薄荷、荷叶等，这种用花、叶蒸馏而成的香水，称为花露、香露。明代有如“泉广合香人”等专门制作香水的产业，供市民的日用。

香料可用于乌发饰发，还可用于染指甲、画眉墨、唇脂。如《香乘》中讲七里香“其叶可染甲鲜红”。

11. 美化环境

美化环境是香在古代最为常见也是最普通的一种用途。香虽是一种嗅觉文化，但它的深度及美学是一种超越国界、心灵共通的语言，也是我们身边最容易理解的文化。司马迁所撰的《史记・礼书》中有“稻粱五味所以养口也。椒兰、芬芷所养鼻也”。说明汉代时人们已讲究“鼻子的享受”。《汉武内传》描述朝廷：“七月七日设座殿上，以紫罗荐地，燔百和之香”，其富丽奢华，可见一斑。当时薰香用具名目繁多，有香炉、薰炉、香匙、香盘、熏笼、斗香等。汉代还有一种奇妙的赏香形式：把沉香、檀香等浸泡在灯油里，称为“香料”点灯时就会有阵阵芳香飘散出来。清新明快，若有若无的香味，无形中愉悦着人们的身心，净化了人们的心灵，并能淡化人们的烦恼，消除人们的疲劳。

第二节 香与宗教

早在宗教形成之前，人类就已经开始大量使用香了。而在中国，香的使用不但起源甚早，同样与宗教有着紧密深刻的联系。“香道”作为一种高级艺术，与精神活动层面的宗教有着密切的联系并起着深刻的作用，从古至今，各种宗教对香道也投以了格外的关注。

立香

1. 香与佛教

佛教的用香在香道悠久的历史发展中，不但在很多历史阶段起着推波助澜的作用，而且一直持续地发挥着它深远的影响力。中国香道在民间的沿袭和普及与宗教对香的推崇和使用上有着密不可分的关系。东汉后期佛、道二教迅速崛起和发展，信徒的增多，使得香品的使用也更加普及。

香道在佛教中地位很高，从流传下来的经书中可以看到佛家关于香的记载非常之多，如《佛说戒德香经》《六祖坛经》《华严经》《楞严经》《玄应音义》《大唐西域记》等等；而且诸佛圣众也有大量有关香的论述，如释迦牟尼佛、大势至菩萨、观音菩萨等等；经书中所记载的香品种类难以计数，现今使用的绝大多数香料在经书中也可找到。

香和佛教有着密不可分的关系，而佛教重视香的缘由有以下几个方面：

第一，佛教认为香能与智慧相通。把香看作修道的助缘，借香来讲述心法与佛理。佛家认为，香与人的智慧、德行有特殊的关系，妙香与圆满的智慧相通相契，修行有成的圣贤甚至能够散发出特殊的香气。据经书记载，佛于说法之时，周身毛孔会散出妙香，而且其香能普熏十方，震动三界。在佛教的经文中，常用香来譬喻证道者的德心。《楞严经》里就记载了香严童子以闻香、观香入道，另一位孙陀罗难陀，也是观鼻中气息出入如烟而悟道，因而，香常被认为是与鼻根相应、修行的极佳法门。

第二，佛教认为香为供养之必需品。佛教创教伊始，用香即应运而生。由于香能祛除异味，使人身心舒畅，产生美妙的感受，因此常被用来作为供养佛、菩萨与本尊的圣品。“香为佛使”“香为信心之使”，佛家认为香能沟通凡圣，为最殊荣的供品。

在佛教中，香的供养有特殊的要求。在《苏悉地经》卷中记载的五种供养为：涂香、花、烧香、饮食、燃灯；在《大日经》中则记载有六种供养，即：水、涂香、花、烧香、饮食、灯明。除了有形的香之外，经中也以心香供佛来比喻精诚的供养。

上香更是佛事中必有的内容，从日常诵经打坐到盛大的浴佛法会、水陆法会、开光、传戒、放生等各种佛事活动都要用香，大型活动更要以上香为序幕，上香前后皆有郑重的仪式。佛陀在世时，弟子们就以香为供养，佛陀本人及其他圣众都认为香是最重要的供养。

供香的方法和内容很多，根据众多经书和文字记载，我们可以分为几个供养程序：清净身心—供佛—持诵烧香真言—皈命诸佛—念供香谒—恭敬礼佛—回向、祈愿。

佛教中用于供养的香品种类十分丰富，除了用于熏烧的"烧香"，常见的还有香料制作的香水、涂在身上的涂香、研成粉末的香末等。其中香水还用于浴佛，是一种很高的供养。《法华经》之法师品列出了"十种供养"：花、香、璎珞、香末、涂香、烧香、缯盖、幢幡、衣服、伎乐；这其中有四种就是香品。

第三，佛教常以香喻持戒之德。《戒德香经》中记载，世间的香，多由树的根、枝、花所制成，这三种香只有顺风时得闻其香，逆风则不得闻。当时佛陀弟子阿难欲知是否有较此三者更殊胜之香，欲求能不受风向影响而普熏十方之法，于是请示佛陀。佛陀告诉阿难，只有持戒之香不受顺、逆风的影响，能普熏十方。

《诸经要义》卷五、《集诸经礼忏仪》卷上、《六祖坛经〈忏悔品〉》中，即以香比喻五分法身，其将无学圣者于自身成就的五种功德法，称为五分法身，并以香来比喻，称为戒香、定香、慧香、解脱香、解脱知见香。香又代表五分法身《六祖坛经〈忏悔品〉》里提到这五分法身之香：

一为戒香，即自心中无非，无恶、无嫉妒、无贪嗔、无劫害，名戒香。

二为定香，即睹诸善恶境相，自心不乱，名定香。

三为慧香，自心无碍，常以智慧观照自性，不造诸恶。虽修众善，心不执着，敬上念下，体恤孤贫，名慧香。

四为解脱香，即自心无所攀缘。不思善，不思恶，自在无碍，名解脱香。

五为解脱知见香，自心既无所攀缘善恶，不可沉空守寂，即需广学多闻，识自本心，达诸佛理，和光接物，无我无人，直至菩提，真性不易，名解脱知见香。

五分法身的观念来自原始佛教。当初舍利弗涅槃后，他的弟子很伤心，便请问佛陀，舍利弗灭度之后，大众将何所依恃？

佛家认为香对人的身心有着非常直接的关系。好香不仅芬芳，使人心生欢喜，而且能助人达到沉静、空净、灵动的境界，于心旷神怡之中达于正定，以得顿悟空明。而且好香的气息对人有潜移默化的熏陶作用，可培扶人的身心性根向着正与善的方向发展。好香如正气，若能亲近多闻，则大为受益。所以，佛家把香看作是修道的助缘。因此，佛家自古就提倡在打坐、诵经等修持功课中熏香，寺院内外也是处处熏香，以营造良好的修炼环境。佛家对香品的选择也是很精心，不仅选用上等的单品香料，还要按照特定的配方来调和制作更适用于修炼的合香。甚至不同的修炼法门还要使用不同配方的香。因此许多修炼有成的法师同时也是调制合香的高手。

第四，佛教以香治病。许多香料同时也是药材，如沉香、丁香、木香、肉桂、龙脑等，其在佛教中也入药，是“佛医”的重要组成部分。《大唐西域记》记载:“身涂诸香，所谓旃檀、郁金也。”经书又所记：“取药劫布罗（龙脑香）和拙具罗（安息香）香，各等分，以井水一升和煎取一升”可治疗“蛊毒”；“取胡麻油，煎青木香，摩拭身上”可治疗“偏风，耳鼻不通，手脚不遂”；以“菖蒲、牛黄、麝香、雄黄、枸杞根、桂皮、香附子、豆蔻、藿香等作香浴”可以辟秽化浊，开窍通经。

佛教传入中国以后，与中医理论颇为相似的佛医学对中医的

冷香斋藏 香盒

发展也做出了很大的贡献。例如，佛医学关于香药的知识使中药材的种类得到了扩展，增加了沉香、薰陆香（乳香）、鸡舌香、藿香、苏合香等新药材，而且在《本草纲目》等经典医书中也增加了“芳香开窍类”药材。

第五，佛教香品的种类和应用十分丰富。佛家使用的香料品种丰富，如沉香、檀香、龙脑香、菖蒲、安息香、牛黄、郁金、苜蓿香、麝香、雄黄、川芎、枸杞、松脂、桂皮、白芷等等，产自南亚、南洋群岛、西亚、澳洲、中国等地。佛家的香品种类齐全，有香丸、香饼、香粉、原态香材（香木片、香木块等）、香膏、香水以及印香、线香、签香、塔香等等。佛教中很多用语也跟香息息相关，如修行者打坐谓之“坐香”，犯了错要罚去“跪香”，佛殿谓之“香殿”，厨房谓之“香厨”，佛寺更尊称为“檀林”。

佛教认为香与圆满的智慧相通，香与人的智慧、德行有特殊的关系，妙香与圆满的智慧相通相契，修行有成的贤禅香圣甚至能够散发出特殊的香气。为此，佛教把香看作是修道的助缘，提倡在打坐、诵经等修持功课中使用熏香，营造好的修炼环境，以助沟通凡圣，所以，香为最殊荣的供品。

2. 香与道教

源自中国本土的宗教——道教也很强调香的使用。葛洪《抱朴子内篇》这部道家的著名典籍中有许多关于香的记载：“人鼻无不乐香，故流黄、郁金、芝兰、苏合、玄膳、索胶、江篱、揭车、春蕙、秋兰、价同琼瑶。”炼制“药金”“药银”时需焚香，“常烧五香，香不绝”等。道教对于用香也有很明确的阐述，认为香可以辅助修道，有“通感”“达言”“开窍”“辟邪”“治病”等多种功用。与佛教一样，道教认为香谒有着特别的功用：

第一，供养诸神。香云缭绕，腾空供养，供养上界云府高真、中界岳渎威灵、下界水府仙官、三界诸神。《三宝香》诗云：“愿烧道（经、师）宝香，生生常供养。”

第二，传诚达信。所谓“香自诚心起，烟从信里来。一诚通天界，诸真下瑶阶。”

第三，追思忆灵。道教做幽事道场时，常焚香以昭示追思，有谓：“以此真香摄召请，当愿亡者悉遥闻”。

第四，清静身心。道教名宿王重阳祖师有词曰：“身是香炉，心同香子，香烟一柱分明是，依时焚爇透昆仑，缘空香泉袅祥瑞……”

道教供养在拜表、炼度、施食等仪式中都有五供一节，也称五献。即将香、花、灯、水、果五种献祭品献于神坛之上。道士称：“五献皆圆满，奉上众真前，志在求忏悔，亡者早升天。”

道教对这五种供品各有专门的解释。据《要修科仪戒律钞》引《登真隐诀》称：“香者，天真用兹以通感；地只缘斯以达言，是以祈念存注，必烧之于左右，特以此烟能照玄达意。”意思是香可以助人达到入道的境界。王重阳《咏烧香》诗云：“身是香炉，心是香子，香烟一性分明是。依时焚爇透昆仑，缘空香袅透祥瑞。响彻云霄，高分真异，成雯作盖包玄旨金花院里得逍遥，玉皇几畔常参侍。”盛赞香烟可上透云霄，参侍玉皇的功效。据《道门通教必用集》记载，奉献于诸天的名香有：返魂香、返风香、逆风香、七色香、天宝香等。另有供香用“降真香”，供花用“桐木刻之”，供果“当用木雕”等等。均象瑞应之物。

道教中的香期、庙会在民间历久不衰。道教在自身的发展中产生了不少在本教内部以及民间有重大影响的宫观、名山。这些名山宫观中所供养的神能够吸引方圆千里乃至于千里以外的信众、香客前来进香。在神仙的生日等重大节日信徒、香客更是络绎不绝。以庙为中心，以敬奉该宫观的神仙、祖师等为主要内容，规模宏大的祭祀、庆祝活动。在明代中期道教名山之武当山甚至收取进山税，以抑制过于旺盛的烧香行为。

道教烧香，也称敬香，借香烟传达善信心意，是道教斋醮法坛的祭祀活动中非常重要的一个环节。道教斋醮用香非常讲究，道门香一定要是天然香料，清净至要。醮坛焚降真香、詹唐香、白茅香、沉香、青木香等。《天皇至道太清玉册》：“信灵香可以达天帝之灵所”。道教烧香具有供养、传达、召灵、静心这四种含义：供养，即供养诸神，供养上界云府高真，中界岳渎威灵，下界水府仙官，三界诸神；传达，即传诚达信；招灵，即追思忆灵，做幽事道场时，可通过焚香追思亡人；静心，指清静身心。

道教以“道”为信仰核心，进行修道来完善自我和兼善他人。中国道教历经几千年风风雨雨，几度沉浮，有过兴盛，有过衰退，然而道香文化始终与道教紧密相连。在喧嚣的人世间，道教使用天然香辅助修行、醮事、祈福、辟邪等，颇具功效，香不仅使修行的场所气味馨人，祥和庄重，而且能使修行者心灵得以宁静，获得灵感，取得养生效果。道教香文化是中华文化之翘楚是中华民族之国粹，值得我们推崇与弘扬。

第三节 香与国学

国学，一国固有之学术也。香与国学有着千丝万缕的联系。《尚书》云：“至治馨香，感于神明”“黍极非馨，明德惟馨。”古人很早就感悟到了香道的境界，可谓国学香之先声。国学博大精深，与香的交集也有很多。

茶香配伍花香

1. 汉魏文学与香

历史上描写香品的优秀文学作品主要集中在汉魏、隋唐、宋元和明清时期。这一时期香文化繁盛的标志是文人多以美好的香气作为写作的素材。

司马相如的《子虚赋》《上林赋》就以华美的辞藻描绘出遍地奇芳、令人神往的众香世界。《子虚赋》言“云梦泽”之胜景：“云梦者，方九百里……其东则有蕙圃衡兰，芷若射干，川芎菖蒲，江离蘼芜……其北则有阴林巨树，楩楠豫章，桂椒木兰……”大意是：“云梦者东有种芳草：蕙草、杜衡、兰草、白芷、杜若、射干……北有森林巨树，黄楩、楠木、樟木、桂树、花椒、木兰……”

汉武帝与香的故事也是魏晋之后文学作品的常用题材——武帝对宠妃李夫人早亡深为悲恸，以皇后之礼葬之，命人绘其像挂于甘泉宫。白居易的乐府诗《李夫人》描述了当时的情景：“夫人病时不肯别，死后留得生前恩。”“丹青画出竟何益，不言不笑愁煞人。又令方士合灵药，玉釜煎炼金炉焚。九华帐中夜悄悄，反魂香降夫人魂。夫人之魂在何许？香烟引到焚香处。”“魂之不来君心苦，魂之来兮君亦悲。”“伤心不独汉武帝，自古及今皆若斯。”“人非木石皆有情，不如不遇倾城色。”

2. 唐诗宋词与香

绝大多数的唐代文人都有咏香诗作（或有诗句涉及香），许多人的咏香作品相当之多，如王维、杜甫、李商隐、刘禹锡、李贺、温庭筠等等。

杜甫有诗:“朝罢香烟携满袖，诗成珠玉在挥毫”；王维有诗：“日色才临仙掌动，香烟欲傍衮龙浮”，所写的就是唐代朝堂熏香的场景，殿上香烟缭绕，百官朝拜，衣衫染香。杜甫的“雷声忽送千峰雨，花气浑如百和香”；白居易的“春芽细炷千灯焰，夏蕊浓焚百和香”，皆以“香”喻“花”，亦见唐代文人对香的喜爱。

另有李煜的“绿窗冷静芳音断，香印成灰，可奈情怀，欲睡朦胧入梦来”；王维的“少儿多送酒，小玉更焚香”和“藉草饭松屑，焚香看道书”；杜甫的“麒麟不动炉烟上，孔雀徐开扇影还”和“香飘合殿春风转，花覆千官淑景移”；李白的“香亦竟不灭，人亦竟不来。相思黄叶落，白露点青苔”和“焚香入兰台，起草多芳言”；白居易的“闲吟四句偈，静对一炉香”和“红颜未老恩先断，斜倚熏笼坐到明”；刘禹锡的“博山炯炯吐香雾，红烛引至更衣处”和“博山炉中香自灭，镜奁尘暗同心结”；李商隐的“春心莫共花争发，一寸相思一寸灰”和“谢郎衣袖初翻雪，荀令熏炉更换香”；温庭筠的“香兔抱微烟，重鳞叠轻扇”和“香作穗，蜡成泪，还似两人心意”。

李贺的“练香熏宋鹊，寻箭踏卢龙”和“断烬遗香袅翠烟，烛骑蹄鸣上天去”；杜牧的“桂席尘瑶佩，琼炉烬水沉”；陆龟蒙的“须是古坛秋霁后，静焚香炷礼寒星”；罗隐的“沈水良材食柏珍，博山炉暖玉楼春；怜君亦是无端物，贪作馨香忘却身”。

到了宋朝，也涌现出很多描写用香的名人名诗。如陈去非《焚香》的“明窗延静昼，默坐消尘缘。即将无限意，寓此一炷烟”闻名至今。黄庭坚也是写香高手，他的《复答子瞻》《博山炉》《石香鼎》《宝薰》《帐中香》流传至今。才女李清照亦有用香名篇，《醉花阴》：“薄雾浓云愁永昼。瑞脑消金兽，佳节又重阳。玉枕纱橱，半夜凉初透。东篱把酒黄昏后，有暗香盈袖，莫道不消魂。帘卷西风，人比黄花瘦。”

3. 专著与香

香文化历经几千年的长期发展，至宋代时已是沉淀丰厚，为宋人研究香文化提供了良好的条件，加之当代香事繁盛，使研究者具有实证的机会和条件，多部香学专著在这一时期问世了。如丁谓《天香传》、沈立《（沈氏）香谱》、洪刍《（洪氏）香谱》、叶廷珪《名香谱》、颜博文《（颜氏）香史》、陈敬《陈氏香谱》等，其作者不乏当时名士、高官或著名学者。如《天香传》的作者丁谓是太宗时的进士，真宗的宠臣，官至宰相，诗文亦为人称颂。《（颜氏）香史》的作者颜博文也是北宋著名诗人、书法家和画家，官至著作佐郎。《名香谱》《南番香录》的作者叶廷珪曾任兵部侍郎等官职。

《普济方》《本草纲目》等医书对香药和香品也多有记载。《本草纲目》几乎收录了所有香药，也有许多香方和香药为主的药方，用来祛秽、防疫、安和神志、改善睡眠或者治疗疾病。其使用方法包括“烧烟”“熏鼻”“浴”“枕”“带”等。如麝香“烧之辟疫”；沉香、檀香“烧烟，辟恶气，治瘟疮”；降真香“带之”、安息香“烧之”可“辟除恶气”；茱萸“蒸热枕之，浴头，治头痛”；端午“采艾，为人悬

鎏金铺兽首衔环钵盂式铜炉连座

于户上，可禳毒气”。

4. 名著与香

在《红楼梦》中，我们可以读到诸多焚香场景的描写：祭祖拜神、宴客会友，抚琴坐禅……袅袅香烟，卷舒聚散，颇助于营造肃穆、亲切、高雅、温馨、恬淡的气氛。

可卿的卧室里洋溢的是一股“甜香”，令宝玉欣然入梦，神游了一回太虚幻境；黛玉的窗前飘出的是一缕“幽香”，使人感到神清气爽；宝钗的衣袖中散发的是一丝“冷香”，闻者莫不称奇；而倒霉的妙玉则被一阵“闷香”所熏而昏厥，被歹徒劫持……

《红楼梦》中记载的香有数十种之多：藏香、麝香、梅花香、安魂香、百合香、迷迭香、檀香、沉香、木香、冰片、薄荷、白芷等。香的形态也很丰富，有篆香、瓣香、线香、末香等。

在著名的《中秋夜大观园即景》的联句中，黛玉和湘云便有“香篆销金鼎，脂冰腻玉盆”的对句。这描述的是香的一个品种——篆香。据洪刍《（洪氏）香谱》载：“香篆，镂木以为之，以范香尘。为篆文，燃于饮席或佛像前，往往有二三尺径者。”篆香又称百刻香，它将一昼夜划分为一百个刻度，寺院中常用作计时器。元代天文学家郭守敬就曾经制出精巧的“屏风香漏”，通过香的燃烧时间对应相应的刻度来计时。

《红楼梦》里亦有用香治病的描写：第 97 回，宝玉在婚礼上揭开新娘的盖头，发现竟然不是朝思暮想的林妹妹，顿时旧病复发，昏晕过去。家人连忙“满屋里点起安息香来，定住他的魂魄”。安息香，见载于唐代的《新修本草》，是安息香科植物青山安息香或白叶安息香的树干受伤后分泌的树脂，有开窍辟秽、行气活血的功用，常用来治猝然昏迷、心腹疼痛等病症。

再如第 7 回，宝钗在叙述“冷香丸”的药物配伍时，除了四时之药和四时之水外，也特地说明和尚给了一包“异常香气”的“没药”作引子，指的就是某种有止咳化痰作用的芳香药。

罗贯中著本的一百二十回长篇小说《三国演义》中写祭祀用香居多：第一回桃国三结又写“次日，于桃园中，各下乌牛白马事祭礼等项，三人（刘备、关羽、张飞）焚香再拜”。第四十九回写诸葛亮设七星坛祭风：“孔明缓步登因坛，现瞻方位已定，焚夺于炉，注水于盂，仰天暗祝。”第九十一回写孔明祭泸水班师：“当夜泸水岸上，设香案，销祭物，列灯四十九盏，扬惜招魂。”第九十五回写诸葛亮设空城计：“孔明乃披鹤氅，载纶巾，引二小童携琴一张，于城上敌楼前，凭栏而坐，焚令操琴。”第一百零三回五丈原诸葛攘星：“孔明自于帐中设香花祭物”“姜维在帐四十九人守护。”

《西游记》里妖魔鬼怪、世间万物有生命，有香，有灵，就连荆辣岭上百卉也生香：“夹道柔茵乱，漫山翠盖张。密密搓搓初发叶，攀攀扯扯正芬芳。遥望不知何所尽，近现一似缘云茫。朦朦胧胧，郁郁苍苍。风声飘瑟瑟，日影映辉煌。那中间有松有柏还有竹，多梅多柳更多桑。薜萝统古树，藤葛绕垂杨。盘团似架，联络如床。有处花开真布锦，无端卉发远生香。”“芍药弄手，蜀葵奇艳。白梨红奋斗芳菲，紫熏金萤争烂没”，真是“步觉幽香来袖满，行沾情味上衣多”。

第四节 香与礼仪

中国的传统文化即礼仪文化。孔子曰："不学礼，无以立。"在中华文化的发展漫漫长河里，这种礼的教育、礼的传习、礼的规范一直被优化沿袭，成为中华传统文化的重要组成部分。

金香囊

香道是一种拥有古老历史的民族文化，很早就与礼仪有着密不可分的关系。早在西周时期，香道与礼仪就开始了它们的渊源。《礼记·内则》："男女未冠笄者，鸡初鸣，咸盥漱，拂髦总角，衿缨皆佩容臭。"这里讲的是古代少年在拜见长辈时，在鸡第一次打鸣的黎明，就梳好头发，佩戴好香囊，以示尊重和礼貌。后世基本形成了传统的习香成人礼，给中华民族带来一股雅正新风，形成彬彬有礼的君子之风。

在中国传统社会中，礼仪于香道又有着特殊的要求，可以说，中国的传统礼仪，离不开香的存在，同样，香道文化的发展也离不开礼仪的存在。

1. 传统节俗活动与香道、礼仪

新年是一年中最重要的节日。在古代皇宫里，宫女、宦官们从正月初一五更起，便“焚香放纸炮，将木杠于院地上抛掷三度，名曰‘跌千金’”。新年迎岁，民间也在五更时起，人们焚香，燃放爆竹，开门迎年，焚香接神、拜天地、祭祀祖先。

元旦时人们常佩戴香包，传说可以辟邪驱疫。《遵生八笺》引《清异录》云：“咸通俗，元日佩红绢囊，内装人参豆大，嵌木香一二厘，时服，日高方止，号迎年佩。”

立夏之日，古人各家各烹新茶，富人更是互相攀比，名目众多，“富室竞奢，香汤名目很多，若茉莉、林禽、蔷薇、桂蕊、丁檀、苏杏，盛以哥、汝瓷欧，仅供一吸而已”。

清明节，宋代东京五岳观就有万姓市民焚香游观：“每岁清明日，放万姓烧香，游观（五岳观）。”另外，自上层贵族至下层社会百姓，往往焚香烧纸、祭扫祖先故墓。

四月八日，浴佛节，佛生日。东京“十大禅院，各有浴佛斋会，煎香药糖水相赠，名曰浴佛水。”南宋临安浴佛节“僧尼辈竞以小盆贮铜像，浸以香药糖水，覆以花棚，铙钹交迎，遍往邸宅富室，以小勺浇灌，以求施利。”

五月五日端午节，宋代人吃香粽、姜桂粽，焚香、浴兰。端午食谱须有：“紫苏、菖蒲、木瓜，并皆茸切，以香药相和。”

七夕节，这一晚，人们设香桌，摆出摩侯罗、酒朱、花瓜、笔砚、针线，姑娘们个个呈巧，焚香列拜，称为“乞巧”。

冬至，换上新衣，备办食物，大多吃馄饨，如丁香馄饨，也有用馄饨作供品焚香祭祀祖先。

除夕，民间都洒扫门闾，除尘秽，净庭户，换门神，挂钟馗像，钉桃符，贴牌，并焚香祭祀祖先。晚上则准备迎神的香、花、供品，以祈新年的平安。

除了节俗，人生各种礼仪，都要用到香。香料还成为宋代平民百姓娶妻育子等活动的重要聘物、贺礼、礼仪用品。嫁娶之时“女家接定礼合，于宅堂中备香烛酒果”，而迎亲之日“男家刻定时辰，预令行郎各以执色，如花瓶、花烛、香毬、纱罗……前往女家迎娶新人”。育子的仪式较多，其中便有用香汤洗儿：“会亲宾盛集，煎香汤于盆中洗儿，下果子、采钱、葱蒜等，用数丈线绕之，名曰围盆。”在丧葬礼里，行香是宫中和民间丧葬必需的仪式。明人丧葬重视操办，常“僧道兼用”。这些传统礼仪也一直流传至今。

2. 祭祀活动与礼仪、香道

祭祀是一种宫廷礼仪，在五礼中属于吉礼，主要是对天神、地祇、人鬼的祭祀典礼。西周时期，朝廷就开始设有掌管熏香的官职，专门打理香草香木熏室、驱灭虫类、清新空气。宫廷主要用香来祭祀，其行为由国家掌控，由祭司执行。

《明史·礼志》载，“人祀十有三：正月上辛祈谷、孟夏大雩、季秋大享、冬至圜丘皆祭昊天上帝，夏至方丘祭皇地祇，春分朝日于东郊，秋分夕月于西郊，四孟季冬享太庙……”讲的就是明代的祭祀，其可分为大祀、中祀、小祀。每年的宫廷祭祀中，大祀有十三，中祀有二十五，小祀为八，祭祀仪式大为复杂。

在祭祀活动中，香料作为一种祭品献给神灵，另一方面，各种祭品又是在“烧香之香云缭绕”中供奉给神灵，与神灵沟通。明朝北京皇家对河间、定兴二王的祭祀，祭品中有：“合用祭品：猪二口、羊二只、祭帛二段、降香二往、官香二束、牙香二包、大中红烛四对……”可见，香料是祭祀活动中重要的祭品，香料的使用成为一种固定的礼仪。进香是君臣祭祀先祖的重要活动。

3. 宗教活动与香道、礼仪

佛教用香自然有它固定的一套礼仪形式。供香及礼诵持念等种种法门，其妙要在于诚敬二字。而佛教中的不同派别和修行法门，其供香仪式也有所不同。焚香供佛的方法，总体要求包括：

一要清净身心。在供香之前，要洗手、漱口，衣冠整洁，仪容端正，身心安泰正定。

二要发起礼敬之心。在所供养的佛菩萨、本尊、圣像之前，恭敬合掌，目光凝神圣像，心中思维观想默念拜佛、许愿。

三要诵持赞偈和真言。捻起所供养之香，双手持于胸前，跪颂烧香偈语或真言。常用的赞偈有《炉香赞》《宝鼎赞》《戒定真香赞》等。

道教烧香，也称敬香。香是道教斋醮法坛的祭祀活动中不可或缺的，香闻达十方至无极世界，灵通三界，是通真达灵的信物，于道经中多有记载。道教斋醮用香非常讲究，道门香一定要是天然香料，清净至要。醮坛焚降真香、詹唐香、白茅香、沉香、青木香等。

各种道教活动中，焚香、香汤沐浴都是其中不可缺少的一个仪式。《元始无量度人上品妙经》云：“道言，行道之日，皆当香汤沐浴。”讲的是用五香汤沐浴，这不仅仅是一个道教仪式，更是一种沐浴养生法。另外，设道场斋醮是明代道教活动中的重要内容。对斋醮焚香非常讲究。降真香品位较高，适宜焚烧，而安息香等则不适。明代周思德《上清灵济度大成金书》中说，市井里买来的香，要用新盆清水浸洗，摒去污物后才能焚用，否则会亵渎神灵。可见道教用香中礼仪之严格。

道教烧香包括了供养、传达、追思、静心这四种含义。焚香的具体做法是：先选三炷香，勿选断香，将香点燃，面对神像，双手举香与额头相齐，躬身礼拜，然后用左手上香，三炷香要插直，插平，间隔不过一寸宽。若在一个神殿里供奉多尊神像，则先上正位，再上左位，次上右位，各上一炷香，仪式相同。上香完毕，则行叩拜礼。拈香是宗教活动中最为隆重的仪式，在诸神诞火供斋设醮时才行之。

4. 香席与礼仪

香席有其礼仪和规矩，品香时的礼仪较多，不仅对品香人的穿衣戴帽连同人的坐姿和内心都有要求，讲究礼仪的品香，更突显一个人的品位和魅力。

一般来说，品香有“五要”：端正优雅、以炉就鼻、紧慢有致、沉着平顺、涵养境界。品香礼仪一般包括香室、香席规矩及递香、品香等环节的讲究。

香席入座时，一般以每席一主三客为宜，人多会因递香时间过长而引起香气涣散。主客从炉主之左方顺次入席。同时，进入香席时，身上不可有香水或其他异味，以免破坏香的醇厚、纯洁。双手要清洗干净，尤其要清除指尖污秽，否则就是对香席和主人与宾客们的不尊重。

在品香时，传炉递香时应平顺端庄，非炉主不得拨弄香灰、香片；执炉品香，应安定稳重，身体坐直、坐正，手肘自然下垂，不可平肩高肘作母鸡展翅状；品香三次之后即应传炉，不可霸炉不放；香席之上禁止大声喧哗、高谈阔论，应保持香席的安静，便于品味香的静谧，达到安神养性的目的。接炉后品评三次，一曰初品，去除杂味；二曰鼻观，观想香意；三曰回味，肯定意念。三次毕，如前所示传炉。

第五节　香道与养生

《神农本草经》记载："香者，气之正，正气盛则除邪避秽也。"香道的功用有很多，养生可以说是香道延续至今的用途之一，也可以说养生、祛病是中国香道文化中最原始、最重要的作用。

茶香花香雅韵

先秦时期，古人就提出了“香气养性”的养生观念，并将其广泛应用于生活的各个方面。如孟子所说：“以鼻之于臭，为性之所欲，不得而安于命”。保健与养生是人类长期以来为提高生活质量、达到健康益寿的目的而不断探索的问题。

《神农本草经疏》记有“木香，味辛湿无毒，主邪气、辟毒疫温鬼。”“安息香，芳香通神明而辟诸邪”，谈及沉香时说：“凡邪恶气之中，人必从口鼻而入。口鼻为阳明窍，阳明虚则恶气易入。得芬芳清阳之气，则恶气除而脾胃安。”中国古代许多名医如葛洪、陶弘景、张仲景、李时珍等都曾用香药组方直接治病，方式涉及内服、佩戴、涂敷、熏烧、熏蒸等多种用法。我国用香品或香药防御流行性疾病已有数千年的历史。《本草纲目》《普济方》《肘后方》等许多中医典籍中都有用香品或以香药为主的组方来防病治病的内容。许多简便易行的防疫方法至今还在使用，如民间以焚烧艾草、白芷、藿香、薄荷等香料的方式来防疫流感等传染性疾病，效果较好。可见，香在人体养生上的确有着独特的作用。

那么，香是如何在人体中起到养生作用的呢？从中医的角度看，焚香属外治法中的“气味疗法”。制香所用的原料绝大多数是木本或草本类的芳香药物，其燃烧发出的气味具有免疫辟邪、杀菌消毒、醒神益智、养生保健等功效。由于原料药物四气五味的不同，制出香的各功能也不同，有的解毒杀虫、有的润肺止咳、有的防腐除霉、有的健脾镇痛。

从古至今，香道在传统养生方面有着非常特殊的地位，并发挥着它特有的作用。在古人的生活中，香为人们的本性所喜、所需，从而渗透到人们的生活之中，黄帝所说“五气各有所属，唯香气奏脾”体现了香气对人体的重要作用，杜甫的“心清闻妙香”，苏轼的“鼻观先参”，黄庭坚的“隐几香一炷，灵台湛空明”，诸多论香之语中，我们可以看到香与人们生活的密切关系。香道不仅接近人的心性，也接近平民阶层和日常生活，可谓飘入寻常百姓家。

香药多属动植物类，也有很多用作现在的药材。《神农本草经》中记载的药物有365种，其中252种是香料植物或与香料有关，明朝李时珍所著的《本草纲目》有《芳手篇》专辑，记载有沉香、檀香、苏和香、乳香、丁香等香料，也有少量取之于动物的分泌物，如麝香、灵猫香、龙涎香等。它们的共同点是具有“驱邪扶正、痛经开窍、疗疾养生”的作用。《神农本草经疏》中说“凡邪恶气之中，必从口鼻入。口鼻为阳明之窍，阳明虚，则恶气易如。得芬芳清阳之气，则恶气除而脾胃安矣。”

人们根据香药的综合药性，按君、臣、佐、辅（使）组成各种方剂，制成各种剂型、各种形状的香品，以供人们佩戴、铺枕、焚烧和食用，从而达到养生保健、防病治病、陶冶性情、营造和美化环境的作用。

近年来，科学家研究分析证明，气味分子通过呼吸道黏膜吸收后，能促进人体免疫球蛋白的产生，提高人体的抵抗力；气味分子能刺激人体嗅觉细胞，通过大脑皮层的兴奋抑制活动，调节全身新陈代谢，平衡自主神经功能，达到生理与心理功能的相对稳定。这又从现代科学的角度证明了香气对人体养生的重要作用。

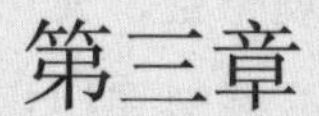

第三章

香材与香品

香材香品的分类是一门很细致的学问，不同角度有不同的分类方式。本章结合各种分类方法，大致从香料的来源、形态特征、香气的特征、用途、使用方法和烟气特征等来分类。

第一，以原料的来源可划分为天然香料和合成香料。天然香料是指以动植物的芳香部位为原料，经过简单加工制成的原态香材，其形态大多保留了植物原有的一些外观特征，又可细分为动物类香材和植物类香材；合成香料是以煤类化工产品、石油化工产品等为原料，通过化学合成方法制取有香味的化合物。

第二，从形态特征上划分，有线香、签香、盘香、塔香、印香（篆香）、香锥、香粉、香丸、特型香、原态香材等品种。

第三，按香品的香气特征可分为沉香型、檀香型、柏香型、桂花香、复合香型等等。用天然香药和化学合成香料可以调和、模拟出各种香气类型。因此，名为“檀香型”“沉香型”的香品，未必采用了天然的檀香或沉香。

第四，据香品香材自身的基本效用特点可分为美饰类、怡情类、修炼类、祭祀类、药用类和综合类等。据香品在使用中的使用对象，又可分为佛家香、道家香等等。

第五，按照香品香材的使用方法可分为熏烧、浸煮、佩戴、悬挂、涂敷、食用与日化等。

第六，按照香品香材的烟气特征可分为无烟香、微烟香、聚烟香等。

第一节 动物类香材

动物类香材是天然香料中的一种，另一种是植物类香材。动物类香料多为动物体内的分泌物或排泄物。约有十几种，常用的有麝香、灵猫香、海狸香、龙涎香和麝鼠香等五种。

香筋瓶

1. 龙涎香

龙涎香是珍贵的动物香料之一，取自抹香鲸消化道内的分泌物，有“龙王涎沫”之美称，数量稀少，功效独特，又被称为“灰色的金子”，异常珍贵。

龙涎香具有轻灵而温雅的特殊动物香气，既有麝香气息，又微带土壤香、海藻香、木香和苔香，是一种带有特别的甜气和“动情感”的香气，其留香性和持久性是任何香料都无法比拟的，留香比麝香长 20 ~ 30 倍，可保持香气长达数百年，历史上流传“龙涎香与日月共存”的佳话。龙涎香的烟气有很强的聚合性，古人谓之“翠烟浮空，结而不散”。

公元6世纪时，印度洋沿岸的阿拉伯人已经使用龙涎香了。龙涎香进入中国的最早时间是晚唐时期，主要产地为中国南部、印度、南美和非洲等热带海岸。

龙涎香刚从抹香鲸体内排出的时候，香气较弱，经海上长期漂流自然熟化或经长期储存自然氧化后香气逐渐增强，渐成灰色或褐色的蜡样块状物质。绝大多数的龙涎香并无明确的芳香，而是一种含蓄的、难以名状的气息，一般不单独使用，而是合入其他香药，要和其他香材合香才可真正发挥它的香气。据说在英国旧皇宫中，涂有龙涎香的房间历经百年风云，至今仍在飘香。

龙涎香具有一种奇异的药理作用，对治疗神经系统和心脏等病症具有非常显著的效果，常用作补药，尤以其激素作用著称。中东和欧洲各国的人们认为龙涎香有壮阳作用，使龙涎香更加身价百倍。

龙涎香在调香师的心中不仅是最早的天然香料，而且至今仍然是最好的定香材料。它的香气较柔和，持久性远远胜过天然麝香。由于天然龙涎香物稀价昂，只有在配制高级香水香精时才会用到它。现虽有人工配制品，但与天然品相差十万八千里。

龙涎香一般都是经酒精萃取后使用，方法是将研粉的龙涎香以3%～5%的比量溶于酒精充分搅拌，滤去杂物。酒精和龙涎香充分融合几天后即可取用。龙涎香本身的香气淡而清，甚至无香味，无单一使用价值，但它仍是制香中所需最良好的“定香”“稳

品香

香”剂，龙涎香渗入制香能使香品的香气更稳定、持久。

龙涎香加到香水里，即使只是一点点也会让香水自始至终带有一种特别的龙涎香气，称作“龙涎香”效应。其香之品质最为高尚，是配制高级香水、香精的佳品，是优良的定香剂。

2. 麝香

麝香自古以来就是极为名贵的中药材。关于“麝香”二字来源，李时珍说是“麝之香气远射，故谓之麝”，或云“麝父之香来射，故名，亦通”。

麝外形似獐，故俗称香獐，常食柏叶，也能吃蛇。分布于海拔3000米以上的中亚山区，自喜马拉雅山到阿尔泰山及中国、越南、印度、尼泊尔、蒙古、西伯利亚南部等地。其中我国麝香产量占世界总产量的70%以上，主要产于西藏、四川、云南、新疆、青海、甘肃、陕西、安徽等地。

麝香取自雄麝脐下香囊即腹部香腺的分泌物。这是麝香中之极品，“名遗香……价同明珠。其香聚处，远近草木不生或焦黄也。今人带香过园林，则瓜果皆不实，是其验也”。《燕居香语》将麝香分为三类品：一类品最佳，产自中国西藏、青海、四川西北部，俗称“西藏麝香”；第二类品次之，产自中国甘肃、宁夏等省和俄罗斯西伯利亚南部及蒙古，俗称“蒙古麝香”；第三类品最末，产自中国云南、西藏南部和尼泊尔地区，被称“云南麝香”。而麝香的采集，又以“生杀生取”为贵。

麝香不但具有温暖特殊的动物香气，在香品中保留香气之能力也甚强，常用作高级香水香精的定香剂。除作为香料应用外，天然麝香也是名贵的中药材。《神农本草经》载麝香并列之为“上药”：“麝香，味辛温，生川谷，辟恶气，杀鬼精物，温疟蛊毒痫痓，去三虫，久服除邪，不梦寤魇寐”。自古以来，麝香就是一种名贵药材，麝香药效神奇，对人体的中枢神经系统、呼吸系统和循环系统均有显著影响，可开窍醒神、活血通经、消肿止痛，对昏迷、癫痫、心绞痛、难产等多种病症也均有显著疗效。很多著名的中成药，如安宫牛黄丸、大活络丹、六神丸、苏合香丸、云南白药、香桂丸等，都含有麝香。西药也常用麝香作强心剂、兴奋剂之类的急救药。

中国使用麝香的历史悠久，是麝香的原产地和主产地，质量与产量一直居世界首位。3000多年前的甲骨文里已经有了“麝”字，《山海经》也有关于秦鹿的记载。约2000年前，中国的麝香就已传入欧洲并备受推崇。

麝香的气味十分峻烈。初闻之并无香味甚至是一种兽臭，久接触其会伤人害物。麝香的气味比其他香品发散得快。《和汉药考》云：“猎者捕获此兽，立即割下腺囊，唯因香气峻烈，须先以布帛遮蔽口鼻，然后采取，否则往往头痛，甚者致死，故猎者割取腺囊之时，最需留意，万不可误损其囊。”这是麝香在未提炼时伤人的记载。苏颂也说：“其香聚处,远近草木不生,或焦也。”这是麝香不利草木瓜果之说。麝香本身的香气清淡，就是提纯后其香气也不太明显，但是以之放于修和香中，则大宜其他香品，所以麝香能在修和香中起到强化香气、固定香味的作用。

因长期过度开发，中国麝鹿数量不断减少，现在一般通过人工饲养麝鹿来取采麝香，或者人工合成。自1888年鲍尔发明人造硝基麝香后，各种合成麝香产品层出不穷。合成麝香的工作促使香料化学及有机化学的迅猛发展，至今“合成麝香”仍是香料工业中极为重要的组成部分，同时也保证了麝香的可持续发展。

3. 灵猫香

灵猫分大灵猫和小灵猫两种，产于中国长江中下游地区和印度、菲律宾、缅甸、马来西亚、埃塞俄比亚等地。雄雌灵猫都有两个囊状分泌腺，位于肛门及生殖器之间，通过人工活体取香方法采集香囊分泌的黏稠物质，即灵猫香。

灵猫香成分为动物性黏液、动物性树脂及色素。新鲜的灵猫香为淡黄色液态物质，久晒后变为深棕色膏状物。浓稠时气味腥臭浓烈，令人作呕，稀释后则放出温暖的动物浊鲜和麝香香气。灵猫香的香气比麝香更为优雅，常作高级香水与香精的定香剂。作为名贵中药材，它具有醒脑的功效。

高级香水里面也有灵猫酊或灵猫精油，它赋予香水特殊的难以形容的“动情感”，与麝香相似，又有自己的特色。到现在，虽然灵猫香主要的香气成分已能合成出来，但配制品显然难以和天然灵猫香精油相比拟。

灵猫香的提取方法与麝香的古老取香方法类似。传统方法是捕杀灵猫割下其两个的腺囊，刮出灵猫香封闭在瓶中储存。现代方法是饲养灵猫，采取活猫定期刮香的方法，每次刮香数克，一年可刮40次左右，放置几个月待熟化后就可以用于调香了。

全世界每年生产大小灵猫香膏两吨左右，大部分直接配成酊剂，其余则用来提取“灵猫精油”，其价格更高。

4. 海狸香

海狸香是四大动物香中价位

品香

最低的天然香料，用途也没有麝香和灵猫香之大。从雌雄海狸生殖器附近一对梨状腺囊（即香囊）中取出内藏白色乳状黏稠的液体，经干燥后变为红棕色、树脂状的特殊香材，这就是海狸香。

海狸是属于海狸科的哺乳动物，体形肥胖，一般成年海狸长约80厘米，栖息于河岸或湖沼中。河狸产于加拿大、俄罗斯、中国与俄罗斯接壤的新疆、内蒙古及东北等地区，但几乎没有进行制香生产。我国香料工业用的海狸香基本靠进口而来。

海狸香的取香方法一般是捕杀海狸后，切取香囊，经干燥后取出海狸香封存于瓶中。海狸香成分的大部分为动物性树脂。新鲜的海狸香为乳白色黏稠物，经干燥后变为褐色树脂状。海狸香也有自己的特色，也带有强烈腥臭的动物香气，仅逊于灵猫香。海狸香稀释后有龙涎香温暖的香气，并带桦焦油样的焦熏气，这是由于取香者与用火烘干整个香囊，这也成为海狸香香气的特征之一。

一般说来，俄罗斯产的海狸香具有皮革混合动物香气。加拿大产的海狸香为松节油混合动物香。调香师在调配花香、檀香、东方香、素心兰、馥奇、皮革香型香精时常用到海狸香，因为它可以增加香精的“鲜”香气，也带入些“动情感”。主要用于东方型香精的定香剂。海狸香一般先被制成“海狸香酊”并“熟化”数月后才用于配制香精。

5. 麝鼠香

麝鼠香是取自麝香鼠香腺组织的分泌物，是仅次于四大动物香的另一种名香。

麝鼠、麝狸，又名青根貂，是一种草食性水陆两栖，有珍贵毛皮的鼠种药用动物。原产于北美洲，生长于我国东北地区，其抗病能力及适应能力都很强。

麝鼠香含有微量与天然麝香相同的麝香酮等成分，理化性和香气都与天然麝香接近。麝鼠香有减慢心率作用，其消炎、耐缺氧、降低血压、减慢心率及负性肌力作用等生物活性与天然麝香相似。

第二节　植物类香材

植物类香材是天然香料的另一种，是从植物的花、叶、茎、根和果实中提取的易挥发芳香成分的混合物。

香茗

植物类天然香材的形态又可以分为两类：

第一类是原态香材，指经简单加工制取的树脂、木块、干花等芳香原料。基本可以保留香材的芳香气质和原貌特征，易于识别和使用，并且保持了挥发性油脂和多种营养成分，具有较为完整的天然品质，因而也非常适宜制作薰香。

第二类是芳香原料的萃取物，包括芳香精油、香膏、浸膏、配剂等形态，是多种成分的混合物。同动物类香料一样，芳香植物的主要有效成分就是取自植物体内许多微小油腺与油囊中的各种植物油脂，然后用物理方法将油脂分离、提取出香精油。

植物类香材和动物类香材一样，具有区别于其他合成香料不同的作用。这些天然香材能使人产生愉悦、感动等微妙的身心感受，同时它还具有医疗养生的功效。这很契合当下社会对绿色、环保和自然的呼声，理应成为当今用香和制香的发展方向。

早在先秦时期，中国就开始使用植物类的天然香料，同时也是世界上植物类香材最为丰富的国家之一。植物类香材主要分布于长江、淮河以南地区，其中又以西南、华南各省最为丰富。据不完全统计，我国有分属 62 科 400 多种植物类香料，目前基本能用于生产的有 120 多种，与苏联、英国、印度、巴西等同为天然香材生产大国之一。

①檀香：取自檀香科乔木檀香树的木质心材（或其树脂），愈近树心与根部的材质愈好。分为白檀、黄檀、紫檀等品类。“皮质而色黄者为黄檀，皮色洁白者为白檀，皮腐而紫者为紫檀，并坚重清香，而白檀尤良。”常制成木粉、木条、木块或提炼成檀香精油。佛家谓之“旃檀”，素有“香料之王”“绿色黄金”的美誉。

②玫瑰：属蔷薇科蔷薇属植物。玫瑰油香气浓郁，甜蜜芬芳，是甜韵花油的代表性原料、精油中之珍品，常用于配制高档香精。用于生产玫瑰油的种类有 10 多种，主要生产于四川、山东、甘肃等省，有甘肃的苦水玫瑰、江浙等地的墨红玫瑰和陇南地区的蔷薇属植物，其中陇南地区有七里香、悬钩子蔷薇、木香花、黄蔷薇和香水月季等 10 多个品种。

③桂花：桂花属木樨科植物，分有金桂、银桂、

丹桂和4季桂花四种类别。主要产于我国的南方地区，如安徽、贵州、湖南、四川、浙江等省。花的香气清幽醇甜，其花和浸膏除大量用于食品香精外，还是配制高档花香型香精的重要原料。目前，世界上仅有我国生产桂花浸膏和精油，多年来一直是供不应求的紧俏产品。

④依兰：依兰是番荔枝科依兰属常绿乔木，开花期早、易采，20世纪60年代初期从印度尼西亚、斯里兰卡等国引入国内，现盛产于西双版纳。依兰花精油是重要的热带花香原料，其香通过水蒸气蒸馏而成，呈淡黄色，澄清，香气清鲜浓郁，被广泛合用于大花茉莉、白兰等各种花香型香精。

⑤树兰：又称米仔兰，属灌木植物，是我国特有的香花植物资源，主产于华南诸省，如福建、广东、海南、广西、云南等省，其中福建漳州已大规模生产。树兰花油是我国鲜花精油中的珍品之一。香气鲜幽带甜，似茉莉、依兰等而又不同，无类似品种可代替，是调配香水、香皂和化妆品香精的高级原料，也是良好的定香剂；叶精油也可用作定香剂；花用于熏制花茶；民间也用于入药，主治胸膈胀满、头疼等病症，主要广泛用于各种高级花香及特殊香精配方中。目前，浸膏和精油的产量供不应求。

⑥茉莉：茉莉属木樨科素馨属植物。在我国用于生产茉莉精油和浸膏香料产品的种类主要为两种，即大花茉莉和小花茉莉，其中小花茉莉是我国特有的天然香材。大花茉莉原产法国，后引进我国南方及西南诸省，其鲜花浸膏香气浓郁偏浊、持久，为鲜韵香气的代表，我国已有一定量的生产。小花茉莉盛产于广东、福建和西南地区，小花茉莉浸膏香气轻灵雅淡，区别于大花茉莉。其浸膏和精油用途广泛，不仅用于茉莉香型香精，与其他花香香精搭配也有增鲜添清效果。

⑦水仙：水仙为石蒜科水仙属植物。水仙分白水仙和黄水仙，二者香气有差异。福建龙溪地区所产的水仙花著称于世，在广东地区、浙江舟山、上海崇明等地

也有大量栽培。白花水仙浸膏的香气清甜幽雅，鲜美无疵，是高级香水和化妆品香精中难得的原料，产地尤以福建漳州著名。

⑧肉桂：肉桂属樟科精油植物资源，我国樟科精油植物资源是世界上最为丰富的国家，中国肉桂油产量占世界总产量的90%。主要分布于广东、广西、福建等南方省份。肉桂油可用于调配香精或用于医药；桂皮可直接用作食品调料；桂皮、桂枝可入药。我国肉桂油直接影响着世界肉桂油市场。

⑨柠檬桉和蓝桉：属桃金娘科，是我国两大优势资源。柠檬桉、蓝桉都主要产于广东、广西、四川、云南、湖南等省。木材为造纸和人造纤维的原料；桉叶为民间用药，有散风除湿、健胃止疼、止痒、消肿、散毒的功效。我国年产千吨以上，是国际市场的主要供应国之一。云南蓝桉被称为“云南天然桉叶油”，精油用于日化香精配制，在国际市场上资源紧俏，价廉物美，是重要的出口商品之一。

⑩山苍子：属木姜子科，主要产于湖南、湖北、广西、江西、福建等省，尤以湖南盛产。果皮油呈淡黄色，为香料工业重要原料，并有抑制致癌类物质、黄曲霉素的作用；种子的脂肪油是提取月桂酸和桂酸的原料。山苍子油为我国另一种特产精油，在国际上备受欢迎。

⑪薄荷：为唇形科薄荷属。又名水薄荷、苏薄、荷蕃等。薄荷是一种重要的香料植物，其干燥部分可入药，是我国常用的传统中药之一。关于薄荷的记载最早见于《唐本草》：“薄荷有疏风、散热、解毒的功效，用于治疗风热、感冒、头痛、目赤、咽喉肿痛、牙痛等。”广泛分布于北半球的温带地区，少数见于南半球。世界薄荷属植物约有30种，薄荷包含了25种，除了少数为一年生植物外，大部分均为具有香味的多年生植物。根据《中国植物志》的记载，我国有12种薄荷属植物，主要分布东北、华东、新疆地区。薄荷具有浓烈的清凉味道，薄荷油被广泛运用于

各类化妆品、食品、香品中。亚洲薄荷油是用途最广和用量最大的天然香材之一，而中国则是薄荷油、薄荷脑的主要输出国之一。

⑫薰衣草：主要分布于新疆等省，为配制日用香精的重要原料，并具有消炎、镇痛、利尿等作用。薰衣草的花穗经水蒸汽蒸馏可得无色或微黄色的薰衣草油。薰衣草油香气清爽感、透发的甜香气，是天然香料中用量较大的精油品种之一。我国自1956年引种后，现已在新疆伊犁地区、陕西、河南等地进行基地生产，填补了我国香料的空白，其中伊犁地区的薰衣草曾达到国际领先标准。

⑬八角茴香：系八角科八角属植物，又称大料或八角，其叶和果实蒸馏所得的八角茴香油是我国重要出口香料油之一，其产量占世界总产量的80%，在国际上素享盛誉。主产于广西、云南、广东和贵州等省，尤以广东、广西最多。果实入药，其叶是生产精油的主要原料。

⑭花椒：芸香科的花椒属植物花椒原产于我国，除东北、内蒙古少数地区外，南北诸省广为栽培，尤以陕西、四川、河北、河南、山东、云南等省最为集中。花椒是我国人民喜好的，并为我国所特有的辛、麻香料，没有花椒就没有美味可口的四川佳肴。其果实中含有一定量的精油，在医药上用于助消化、止牙痛、腹痛、杀虫等。花椒属植物，在西南、华中和华南一带特别丰富，果实或叶精油中以含香茅醛为主，如竹叶椒；以含柠檬醛为主，如香果花椒；以含芳樟醇、橙花椒醇等为主的数十种之多，但至今未加以深入研究和开发利用。

⑮啤酒花：为桑科葎草属，除了用作生产啤酒的主要原料外，还赋予啤酒一种特有的苦味和香气，也可将其配剂用于烟用香精，有改善香气和增香的作用。我国南北各地均有大面积栽培，以新疆产量最大，质量最好。

⑯当归：主要成分有藁本内酯、丁烯基苯酞等。广泛分布于陕西、湖北、四川、云南、湖南等省份。其叶精油的制成“当归

叶油霜”对黄褐斑有一定疗效，亦可用于调配日化、酒类和糖果焙烤等；根可入药，在妇科方面应用甚广。

⑰安息香树脂：由安息香科安息香属的安息香树干划破后流出的汁液干涸而成的树脂物。广西、云南南部有野生和人工栽培的东京安息香，已有少量生产。香气成分为苯甲酸醋类、香兰素及其类似物等。用作皂用定香剂、熏香、脂肪抗氧剂等。

⑱枫香：为我国原产的金缕梅科枫香属植物，江南诸省都有分布，其中福建、广西和海南岛有成片枫林，并已部分开发。从枫香树采割来的香液和枫脂可用于配制多种香精，是较好的定香剂。枫香树脂在医药上可用于解毒止痛、化癖生肌。香气主要成分为龙脑、桂皮醇和桂皮酸等化合物。福建已有部分生产。

⑲香膏：秘鲁香膏和吐鲁香膏分别产于中、南美洲的香树。其树干分泌物，其制品多用作定香剂和医药。自19世纪60年代以来相继在广东、海南岛和云南的西双版纳引种成功。

⑳黄葵：其有强烈的醉香香气，是名贵的天然麝香型香料。它是从锦葵科黄葵种子中获得的。该种子分布在西南诸省，现已在云南南部形成基地，填补了我国香料的一个空白。

随着人们消费观念的改变，人们越来越重视化学合成物质的安全性及环境问题，化学合成香料的用量逐渐减少，而天然香料的应用日益广泛。天然香料以其绿色、安全、环保等特点逐渐受到人们的钟爱。

第三节 极品香品

所谓“香品”，即香料的品性、品相、品格与品位。这些表现，并非取决于香料形态，如香块、香粉、香脂、香草碎片、香油与香水；也并非取决于香气形态，如烧香、涂香、香汤、佩香；更绝非取决于香品形状，如辫香、末香、线香、卧香、香塔、香丸、盘香。香品取决于原料的属性、品级影响和决定着香品的价值与地位。在单品香中，一般认为沉香、檀香是根本香品，龙涎香、麝香是修和香品，郁金香、丁香是匹配香。以下主要介绍作为基本香品的沉香和檀香。

紫铜香炉

沉香，位列“沉檀麝涎”四大名香之首，又名沉水香。古语写作“沈香”（古语沈字，同沉），是一种混合了树脂、树胶、挥发油、木材等多种成分的固态凝聚物，而且形状不一，体积大小也不一。

在所有香材中，沉香从古至今都是品香、用香之最。

沉香有很多种别称：沈木香、蜜香、奇南、伽南、莞香、女儿香、牛头香、煎香、黄熟香等。“沈”字源于甲骨文，形如沉牛入水，表沉重、沉没之意。“沈木”指沉香虽为木质而又重于木。关于“沈水”的较早记载可见于公元3世纪的《南州异物志》，言其“置水则沉”。魏晋后沈、沉并用，多用“沉（沈）水香”“沉（沈）香”，也有“沉木香”。

与檀香、松柏香不同，沉香本身并不是一种天然就含有香味的木材，它形成的机制跟其他香也有所不同。沉香是以樟树科、橄榄科、大戟科、瑞香科四类树种所包括的树木为生成基础，在特定条件下生成的一种香料。这四科树木虽为沉香产生的基础，但不是一定会生成沉香，只有在特定的条件下才可以生成。

沉香的结香方法和生成机制包括两种因素。一种是自然因素，包括树结成熟、脱落和虫蛀。另一种是人为因素，包括生结（即刀砍）、烙红铁烁和“开门香”，这两种因素相辅相呈。简单来说，一棵成熟有结的沉香木受到包括虫蛀、动物啃咬或者刀斧所致的外来创伤，伤口没有很快愈合，经过环境的促发和微生物的感染、腐蚀溃烂而成“病灶”，树脂于是慢慢分泌结集其上，形成膏状结块，渐渐形成树脂多的木质，经过一年又一年的陈化，而最后形成了“沉香”。

沉香以樟科、橄榄科、大戟科、瑞香科四类树种为产香源。樟科和榄树科主要生长在南美洲的墨西哥、巴西、圭亚那为主，大戟科和瑞香科则主要是产于我国海南省和东南亚的越南、马来西亚、新加坡、印度尼西亚群岛等地区。

香品界常把沉香按产地划分分为“惠安系”与“星洲系”。“惠安系”指越南、老挝、柬埔寨、泰国、马来西亚及中印半岛等地区。而“星洲系”是以地图东北至马来西亚，西南至东帝汶的沉香产地。“惠安系”和“星洲系”沉香又各有特点，“惠安系”

香材的香韵带有一丝凉意并夹杂一些甜味，多偏向花果香，通常“惠安系”香材多以碎片状为主，主要是用于香薰材料。雕件和手钏因形状限制是比较罕见的。“星洲系”香材的香气较厚重醇和，带有较明显甜味，并略带辛味或药香味，多用来制作雕件或手钏。

主产于我国广西、广东、海南的沉香，多以瑞香科白木香为主，但现已数量稀少，被列为国家二级保护植物。香港之名，和沉香有着很大渊源。傅京亮于《中国香文化》中说广东东莞一带在明清时曾因沉香闻名，所产沉香常称“莞香”。香港境内也多生香树，能结沉香，其沉香结油很厚、品质很好，香味几近越南芽庄的沉香，国际对之评价甚高，以香港大屿山所产沉香最佳。

海南也产沉香。白奇南、绿奇南、黑奇南都生产于海南岛，海南黎母山所出沉香还有“冠绝天下”的美誉。苏轼《沉香山子赋》曾盛赞海南沉香：“知澹崖之异产，实超然而不群。既金坚而玉润，亦鹤骨而龙筋。唯膏液之内足，故把握而兼斤。顾占城之枯朽，宜爨釜而燎蚊。”

广东人称广东沉香为本地沉香。其境内以深圳大鹏湾所产最佳，中山地区亦佳。惠东地区所产沉香香气略带咸味。以上地区因在唐朝时统归东莞所辖，故所产沉香统称‘莞香’，其余如徐闻、阳江、电白、攀庆等地区皆有沉香出产，唯其不多而已。”

云南的沉香，目前以勐腊所出较多，唯其属中、低级沉香，因其香味较淡，但有的比较呛鼻，尚不为制香界所广泛接受。广西的十万大山周围亦产沉香，因过度采伐，其资源已近枯竭。

沉香中还有一个特殊的品类——奇楠香。奇楠香的成因与普通沉香基本相同，但两者的性状特征有较大差异，因而为不同品类。大多数奇楠香不如沉香密实，上等沉香入水则沉，奇楠半沉半浮；沉香质地坚硬，奇楠较为柔软，有黏韧性，“削之如泥，嚼之如蜡”；在显微镜下，沉香中的油脂腺聚在一起，奇楠的油脂腺则是粒粒分明。结奇楠的沉香树，只要能在此树上采割到奇楠，日后此树再结的香也还是奇楠香。所以，有的香农采割到奇楠后，此树的所在之处只告知自己的后人。

多数沉香不点燃时几乎无香味，但奇楠不燃时也能散发出清凉香甜的气息；在熏烧时，沉香的香味很稳定，奇楠香气变化较大；奇楠香的产量比沉香少，因而奇楠香愈发珍贵。在宋代，占城（今越南境内）奇楠可谓“一片万金”，闻名遐迩，至今最好的奇楠也产自越南。

沉香的用途广泛。在传统香里，沉香为十大广药之一，可入八十多味中成药方剂，与药材、中医有着密切的关系。沉香作为药物最早记载于梁代陶弘景的《名医别录》，被列为上品。《本草纲目》也介绍沉香主治风毒水肿，祛恶气，主心腹痛，霍乱中恶，邪鬼疰气，清人神，并宜酒煮服之；诸疮肿，宜入膏中；调中气，补五脏，益精壮阳，暖腰膝，止转筋、吐泻冷气，破症癖，冷风麻痹，骨节不任，风湿瘙痒，气痢（大明），补右肾命门（元素）。因而沉香常被称为“香中阁老”。

古代也常以沉香制成各种养生饮品。如宋代《和剂局方》载有“调中沉香汤”，用沉香、察香、生龙脑、甘草等制成粉末，用时以沸水冲开，还可加姜片、食盐或酒，服之大妙，可治饮食少味，肢体多倦等症，又可养生、美容，调中顺气，除邪养正，常服饮食，增进腑脏，和平肌肤，光润颜色。

沉香与宗教也有着密切的联系。沉香是佛教中重要的供养之一，以气味美好，能去除不净而著称。佛教常将沉香木、用于参禅静坐、诵经法会、薰坛、洒净、燃烧等仪式。沉香木块常制作成佛珠佩挂于身上、手腕，于念经时拨动佛珠，沉香受体温加热散发香气，以定神安邪灵。佛教认为沉香的香气是世间唯一可通三界之灵气，世间燃一炷沉香，上可达天听，下可入地狱，天神喜欢，恶鬼规避。道教名经《太清金液神丹经》也载有焚香的祭礼，并且言及沉香：“祭受之法，用好清酒一斗八升，千年沉一斤。”

有些沉香用来雕刻工艺品。“沉香无大料”，雕刻工艺品的沉香十分少见，但沉香雕品古朴浑厚，别具风韵，在古代就深受推崇。苏轼曾将海南沉香雕刻成假山送给苏辙，作为其六十大寿的寿礼。

沉香在香道中最大作用在于焚香、煎香、熏香之用。沉香极其难得。其香品极少直接用来焚烧，多用火间接“烤”出香气，这便是“煎香”或称“熏香”。旧时多取香灰中埋火炭、打火孔、置云母片的方法“煎”或“熏”之。现代有以电热烤之，香气（味）之法十分简单且节省沉香。这种方法所用的沉香多数是品级较高的。

沉香的鉴别也是一门大学问。宋代香学大师丁谓最早在《天香传》中对沉香进行分类与分级。他将沉香分为“四名十二状”，“名”是对沉香的分级，“四名”指四种不同品级，状则从外观来分类，指的是“沉香、栈香、黄熟香、生结香”。“十二状”沉香占八状：乌文格，黄蜡，牛目，牛角，牛蹄，雉头，洎髀，若骨。栈香二状：昆仑梅格，虫镂；黄熟香二状为伞竹格、茅叶与生结香一状：鹧鸪斑。四名十二状，可视作“熟香”与“生香”两大系统。此后各朝代的香学名家论香，也都是以此为宗，略作修改而已。

已故香学名家刘良佐提出了沉香的鉴定方法，即“质”“气”。“质”法指从沉香的香体看，以熟香和生香来评定其优劣，而“气”法是从沉香的香气来鉴定品级。在日常具体的沉香鉴定中，我们一般可以采取的方法有：

①看：看其外观状貌。沉香是瑞香科沉香属的树木在生长过程中因受伤而产生附着在木头上的油脂。不管沉香结油多寡，香和木之间有很明显的界线，俗称“花纹”“油脂线”。

②闻：置于鼻前嗅味。沉香是香中的极品，香味非同一般，或清新雅致，或高远悠扬。沉香的气味初闻似曾相识，但仔细一闻却想不起到底是什么味道。闻沉香气味主要的判断手段就是

“钻”，真沉香的味道是沿着线丝状的路径钻到鼻子里去的，给人的感觉是一阵一阵的。把沉香装到袋子里合紧，香味仍可以透过袋子飘出来。

③摸：优质沉香看起来似乎附着一层油，但摸起来不脏手，也无油腻感。如果是假货，触摸后，油会在手上留下印记。用手反复触摸和摩擦，真沉香还会发出清幽的香味。沉香本身若油腻、表面油路（油线、油丝或油斑）不清晰且油脂层不干洁，则有可能为伪品。

④切：最标准的方法是进行植物切片，取香品的一小块进行切割，观察其内部特征。表面上色的香品内外颜色不一；整体炮制的，看起来极不自然；高压过的沉香贴近表皮处，木质纤维会从内心自然生长状态突然变弯曲。

⑤烧：是最直接的鉴别方法。真香用火烧一下就会发出清幽的香味，沉稳清神。如果是沉香手钏或把件，可以用针烧热后烫了闻，这样既可闻香又不破坏物件。假沉香被烧后味道一般会很浓郁刺激，香味短促，香气杂陈，浑浊不请。

赝品沉香手珠（表皮有油）

檀香主产于印度东部、泰国、印度尼西亚、马来西亚、中国南部、澳大利亚、斐济等湿热地区。印度老山出产的檀香品质优良，固有“老山檀”之名；澳大利亚、印尼等地所产檀香其质地、色泽、香度均略有逊色，称为“新山檀”。

檀香树生长极其缓慢，通常要数十年才能成材，是生长最慢的树种之一，成熟的檀树可高达十米。檀香树非常娇贵，在幼苗期必须寄生在凤凰树、红豆树、相思树等植物上才能成活。故而檀香的产量很有限，人们对它的需求又很大，所以从古至今，它都是昂贵稀有的珍材。

檀香的常见品种有紫檀、黄

檀、白檀等，下面一一介绍。

①紫檀：世界上最名贵的木材之一，亦称“青龙木”。主要产于热带地区的南洋群岛，其次是越南。我国广东、广西也产紫檀木，但数量不多。紫檀一般分为大叶檀、小叶檀两种。小叶檀为紫檀中的精品，通常也简称“紫檀”（以下所述“紫檀”为小叶檀）。印度的小叶紫檀，又称鸡血紫檀，是目前所知最珍贵的木材，是紫檀木中最高级的树种。紫檀的生长极其缓慢，每一百年才长粗3厘米，八九百年乃至上千年才能长成材。常言十檀九空，目前发现的最大的紫檀木直径仅为20厘米左右，其珍贵程度可想而知。中国自古以来就有崇尚紫檀之风，是最早认识和开发紫檀的国家。紫檀之名，最早出现于1500年前的晋朝，崔豹《古今注》云：“紫檀木，出扶南（指东南亚），色紫，亦谓之紫檀。”唐朝已有诗为赞。王建《宫词》：“黄金捍拨紫檀槽，弦索初张调更高。”孟浩然之《凉州词》也云：“浑成紫檀今屑文，作得琵琶声入云”。

②黄檀：主产于热带地区。我国主要从东南亚的缅甸进口，量少。适应性很强，在酸性、中性及石灰质土中均能生长。普遍野生于山林、灌木丛中或石山坡、山沟溪旁。在我国分布于安徽、浙江、江西、福建、湖北、湖南、广东、广西、贵州、四川等省份。

③白檀：主产于印度、印度尼西亚及马来西亚。为中国原产树种，分布范围广，北自辽宁，南至四川、云南、福建、台湾等地区。华北地区山地多见野生。几乎遍及中国乃至朝鲜、日本。生于海拔760～2500米的山坡、疏林或密林中。喜温暖湿润的气候和深厚肥沃的砂质壤土，喜光也、耐阴。深根性树种，适应性强，耐寒，抗干旱耐瘠薄，以河溪两岸、村边地头生长者为佳。白檀树形态优美，枝叶秀丽，春日白花，秋结蓝果，是良好的园林绿化点缀树种。

据玄奘《大唐西域记》记载，因为蟒蛇喜欢盘踞在檀香树上，所以人们常以此来寻找檀木。采檀的人看到蟒蛇之后，就从远处开弓，朝蟒蛇所踞的大树射箭以作标记，等到蟒蛇离开之后再去采伐。

檀香所制之香历来被奉为珍品，但檀香单独熏烧气味不佳；若能与其他香料巧妙搭配，则可“引芳香之物上至极高之分”。檀香还是一味重要的中药材，历来为医家所重视，谓之“辛，温；归脾、胃、心、肺经；行心温中，开胃止痛”。外敷可以消炎去肿，滋润肌肤；熏烧可杀菌消毒，驱瘟辟疫。

从檀香木中提取的檀香油在医药上也有广泛的用途，具有清凉、收敛、强心、滋补、润滑皮肤等多重功效，可用来治疗肝胆疾病，膀胱炎、淋病以及腹痛、发热、呕吐等症，对龟裂、富贵手、黑斑、蚊虫咬伤等症特别有效，自古来就是治疗皮肤病的重要药品。

檀香木还可制成扇骨、箱匣、家具、念珠等物品，是一种珍贵的雕刻材料。现于北京雍和宫就存有一座高 26 米（地上 18 米，地下 8 米），直径 3 米的巨型檀香木雕弥勒佛像。清代的七世达赖喇嘛为感谢清朝廷为他平息叛乱，不惜重金从尼泊尔购进一株巨大的檀香树，动用无数人力，花了 3 年时间运抵京城，再请巧匠精工雕琢而成。

佛家对檀香更是推崇备至，以至佛寺也常被尊称为“檀林”“旃檀之林”。佛家习称檀香为“栴檀”，意思是“与乐”“给人愉悦”。如《慧琳音义》所记：“栴檀，此云与乐，谓白檀能治热病，赤檀能去风肿，皆是除疾身安之乐，故名与乐也。”“赤檀”即“紫檀”，紫檀木刚采伐下来时，心材呈鲜红或橘红，久露在外才慢慢变为紫红，所以紫檀也被称为赤檀。佛经中多见的“牛头旃檀”是指出产于北俱芦洲的秣剌耶牛头山的一种品质最优的白檀。

第四节　配匹香材

“配匹”之意即是不经过“制”的过程，直接和香品放在一起，然后作为品香之用。香材一般都不是化生之物，也不是所谓腐朽后的香品，而是经过熏、煎、焚的干燥之品。真正的配匹香材不多，本节只讲郁金香和丁香。

野生沉香树

郁金香在植物分类学上属百合科郁金香属的具球茎草本植物，又称洋荷花、旱荷花、草麝香、郁香（见《太平御览》）、红蓝花、紫述香（见《本草纲目》），《金光明经》中称之为荼矩么香，又叫紫述香、红蓝花草、峦香草。药用郁金香在中医中称为姜芡、菠术。虽然全世界约有2000多个郁金香品种，但大量生产者大约只有150种。

许慎《说文》中说：“郁，是芳草，十叶成串，将一百二十串捣碎煮制，就是笆。”又云：“郁金草之华，远方所贡芳物，郁人合而酿之，以降神也。宗庙用之。”郁，指现在的广西桂平西部地，古称郁林郡。郑玄说：“郁草如同兰”。

郁金香用途很多，也是常用中药材，有理气、活血、和胃等功效。郁金香以根部的香味而闻名。以蒸馏的方法，根部可生产 13% 的精质油，常使用于香水中。

用于香材的郁金香有两种：一为现在仍被称为“郁金香花”，原产于中东、阿富汗一带。早已引入欧洲，荷兰今以郁金香花为国花；二为产于欧洲西班牙、意大利的西红花（属莺尾科番红花），可做中药使用，亦称藏红花。因此花由印度运入西藏才进入内地，所以称为藏红花，其实并非西藏本土生长。中国西藏曾种有由埃及引入的菊科红花，称“草红花、红兰花”，入药而不入香品。

“郁金”一词在古代的用法不统一。约东汉之后，数种芳香植物都曾被称为“郁金”，一类“郁金”是指在我国多有分布的姜科姜黄属植物，主要使用其块根。这也是郁金香最主要的用法，历史最久，应用范围最大，至今仍被中医学使用。

另一类“郁金”是指不产于中国的“进口”植物，使用部位为植物的花。例如，莺尾科番红花属植物番红花（藏红花、西红花）。此外，一些晋唐文献所记“郁金”“郁金香”很可能就是指现在所说的百合科的郁金香，其原产地为土耳其、阿富汗一带，16 世纪后引种欧洲，现已遍及世界各地。

关于郁金香花，古代人即知“萎然后取”郁金香花卉取用于干萎之后，配匹香材则是用花切丝配和沉香、植香粉直接研细作入品之焖香用，或与香末研细制成线香。其香气如玉兰，甜中有清香，最宜与植香同用，配合后能抑制香之野气，能发本身之甘甜，更可稍加龙脑香（冰片）提取辛凉，所以植、郁加龙脑是一个很好的香方。

另外一种郁金香——西红花，其香气（味）得出伊朗或产味厚而略浓，或产味稍薄而清，都有甘甜、醉和之香气（味）。紧握手中遇湿温其气愈浓。此花瓣纤细色殷红，以白纸沾水捻之，纸上见黄痕而不红，油脂较多。故花虽纤而犹润泽，这才是为上品，是匹配的上等良材。用时最好与沉、植之原材共置香炭火口云母片上。如不在雅集，则最宜电香炉与沉香、檀香原材片同煎。中医谓西红花是人养血之药，能补血、养颜，所以宜为女士配香方，以达美容效果。

李白的《客中行》诗云：“兰陵美酒郁金香，玉碗盛来琥珀光。

肉桂

但使主人能醉客，不知何处是他乡。”诗中所言的兰陵美酒应当与酿酒技术大为发展的当今之酒有所不同，所称“郁金香”应该指它有香料、药物“郁金”的香味。原诗所描写的“郁金香”酒，后世实已失传。郁金香开花而不结果实，想要种植它需取其根部移栽。

佛教和郁金香也大有渊源。《陀罗尼集经》卷九中记载，真言行者作坛时，涂坛所用的白、黄、赤、青、黑五色的染料中都有郁金。白色为秔米粉，黄色为郁金末或黄土末，赤色为沙末、赤土末等，青色为青黛末、蓝靛等，黑色则用墨末或炭末等。此外，作坛时与五宝、五谷等共埋于地中的五香，或护摩法中的供品五香都皆包括郁金香。

丁香取自桃金娘科蒲桃属植物丁子香树的花蕾。丁香树并非中国北方多见的“丁香”，而指原产于南洋热带岛屿的一种香树，也称“洋丁香”，通常高达10米以上，花蕾有黄、紫、粉各色，未开的花蕾晒干后即呈红棕色。除了花蕾和果实，其干、枝、叶也可提炼丁香精油。我国多见的丁香树为木樨科丁香属植物，生长在温带（甚至寒带）地区，其花有浓香，但精油含量远低于热带地区的丁子香。

洋丁香树的果实也有香气，但稍弱于花蕾，称为“母丁香”，花蕾称为“公丁香”，而配香多用“公丁香”。丁香香气呈辛麻气息，吸附杂味效果极佳，古代常用丁香“香口”，含在口中以“芬芳口辞”，盖借公鸡善鸣之意，称之为“鸡舌香”（一说是由于状如鸡舌）。又因丁香圆头细身，状如钉子，故也称“丁子香”、“丁香”。除了花蕾（鸡舌香），其果实也有香气并入药。花蕾香气浓、个头小者称为“公丁香”；果实香气淡、个头大者称为“母丁香”。花蕾也曾被称为“雌丁香”，名称较杂，后来统一将果实称为“母丁香”（或丁香母），将花蕾称为“丁香”（或公丁香、雄丁香）。

我国使用丁香的历史悠久，南洋的丁香在汉代就已传入内地。“香口”是丁香的一大特有功效，汉朝尚书郎向皇帝奏事时还要口含鸡舌香，后世便以“含香”“含鸡舌”代指在朝为官或为人效力。如白居易“口厌含香握厌兰，紫微青琐举头看”，王维“何幸含香奉至尊，多惭未报主人恩”。古代女子也喜用丁香香口，如欧阳修“丁香嚼碎偎人睡”，李煜“沉檀轻注些儿个，向人微露丁香颗”，皆描写口含丁香的美人。不过，古代诗词中的“丁香”大多是指木樨科的丁香。

丁香也是一味重要药材，气厚味薄，主温脾胃，能发诸香，除秽去浊，杀菌镇痛，温中降逆，补肾助阳。丁香还是治口臭的良药，也是重要的芳香药用植物，精油具抗菌、健胃、止疼作用。古代的“香口剂”（似口香糖），常使用丁香。如孙思邈《千金要方》记载的“五香圆”，就是一种用丁香、藿香、零陵香等制成的蜜丸，“常含一丸，如大豆许，咽汁”，可治口臭体臭，令“口香体香”。现在，丁香也用于制作牙膏、漱口水、肥皂等物，以其杀菌功能治疗龋齿、溃疡、口臭等口腔疾病。饮酒前服用丁香，还可增加酒量，不易醉酒。

丁香经火炙后散发一种清凉略辛之气息，用来匹配植香能加大刺激性，发挥较好的清脑活络作用，所以古人在宴饮中多用带丁香的香方焚而品之，特别用于宴饮后品茗清谈时。带丁香的焚香香方在品香雅集中不可或缺。

丁香原产于印度尼西亚，传入欧洲后被视为珍物，丁香现主产于坦桑尼亚、马达加斯加等地。自7世纪开始，南洋群岛的丁香一直是葡、荷、英、法等欧洲列强争夺的重要物品。麦哲伦环球航行结束时，还从南洋带回了数十斤丁香，令西班牙国王大为欢喜。18世纪后，随着亚洲、非洲及加勒比海地区的广泛栽培，丁香产量大增，使用范围也逐步扩大。我国主要栽培于海南和西双版纳地区。

第五节 线香艺术

线香是固态香品之一，指用天然香药经配伍而制作的，香由木粉末加糊而成的细长如线，长粗细短均有一定规制的直线状香品，又作仙香、长寿香、直条香、草香。线香是常用的香品形式之一，适用于多种用香场合，能长时间焚熏。可单独使用线香，也可以在线香表层上加覆香末一起焚香。

白奇楠（放大20倍）

中国线香的起源时间较难考据。不过“线香”一词在宋明时期就已经出现。因线香燃烧时间比较长，所以又被称为“仙香”“长寿香”，古时候寺庙常以线香刻度作为时间计量单位，因此也被称为“香寸”。

制作线香的传统方法都有文字记载。古代用手搓制香，现在多用专用机械制造。李时珍曾在《本草纲目》卷十四中记载：“用其料加减不等，大抵多用白芷、芎穷、独活、甘松、三萘、藿香、藁本、高良姜、角茴香、连翘、大黄、黄芩、柏木、兜娄香之类为末，以榆皮面作糊和剂，以香筒做成线香，成条如线也。”其中所说的主料是降真香，再加减其他的材料。在《遵生八笺》“聚仙香”条中，记载以竹子为心的“蓖香”的相似制造法。

传统线香一般都是由骨料、黏结料、香料、色素及辅助材料组成。骨料组成香的主体，主要是木粉或碳粉，要求无特殊强烈的气味；细度需经筛粉机筛选，一般在100目左右，无其他特殊要求。也可选用其他植物粉末，如各种农作物秸秆，也可加入玉米淀粉、草粉等。黏结料常用粘粉（俗称榆树皮粉），作用就是将骨料黏结在一起，使做出来的香结实、有弹性而不易折断。榆树皮粉的质量不一，黏结效果也有差别。黏粉和骨料的比例根据材料而定,材料不同,比例也不同。

色素有多种颜色，常用的有玫瑰精、大红、嫩黄、品绿、黄金粉等。线香的制作对色素没有特殊要求，也有不加色素的素香（本色）。为了提高质量或者降低成本，生产者会添加一些微量的磷光粉、金片、碳酸钙、硝酸钾等辅助材料。

水是制香中必不可少的。水虽然不能算作原料，但水在制香过程中起重要的作用。经晾晒、干燥后的香才能算作成品。在制香时，搅拌原料中水的重量约占40%~60%的比例，因香的品种，制香的工艺、材料本质（含水量）、气候、设备等因素不同而有所差异。

高档的香材是多种天然香料，如檀香，沉香等，及多种中药中的香辛料，如八角，茴香等。最常用的是各种香精。不同的香料，其成本的差异也是相当大的。绝大多数用各种香精调配，使用香精可以配出各种各样人们喜欢的气味，甚至不亚于天然香料及中草药香料，因为有的香精就是从天然香料中提炼出来的。但是对香的品质而言，天然香料和中草药香料比人造香精更胜一筹。

一般而言，线香根据用料的情况可以分为单品香与和合香。单品香是指直接使用单一的香料，有的研磨成粉，有的制成线香、盘香等香品。常见的单品香有沉香、檀香等木块或粉末，使用时以发挥其特有的香气与功效为主，所以不掺杂其他的香料成分。但有些种类的单品香容易产生燥气，香味虽纯却不一定能够让人产生愉悦之感和起到静心、疗疾的功效，需慎重烧用。沉香、檀香气味芳雅，药效显著，所以它们的单品香，在市面上比较受欢迎，但价格也贵于其他品种单品香。

和合香是指由两种及其以上的香材调和而制成的香品，一般采用多种植物香料，有固定的配方。香不是简单的香药组合，更重要的是药性的和合，要充分利用药性的五行属性，使香药药性相互生发制逆。许多时候要先把香药分组和合，有的还需经窖藏，然后再按所需比例顺序统一合成。线香外形纤长似线，可以分为有木芯和无木芯两种。每种和合香都有其特定的功效，也各自有独特的名称，常见的佛教和合香品有除障香、文殊香、药师香等。

单品香与和合香有着各自的优势和特点。单品香纯正、单一，但易使人体气血不顺；而和合香药性平和，有利于人体气血。其实早在汉代，古人就已经意识到单品香的局限，于是产生了多种香料配伍的想法，开始转为使用多种香料和合而成的香品。汉代之后，香料配伍水平不断提高，香方种类也日益丰富，直到明清，和香一直是传统香品的主流。

线香的使用在古代极其普遍，无论是皇家贵族，还是平民阶层，无论是庙宇殿堂还是寻常巷陌、书阁酒楼，随处可见袅袅香烟升起。可以说线香是古人居家养生、陶冶情操必备的日常用品。线香作为常见的香品之一，也具有香道的养生祛病、美化环境、怡神悦心、参禅修炼等多种作用。

线香的优劣评定亦是一门学问。一般说来，可以从外形、色泽、火焰、香烟、香味、灰烬这几点来判断：

（1）外形挺直光滑、粗糙不等。不论人工与机制，直挺光滑皆为要点，以证其打粉均匀细腻，工艺精良。

（2）色泽以浅黄、褐黄、黑黄等为主。常言色泽越浅，纯度越高，海南香色最浅，越南香其次，印度尼西亚诸国再次，添加抽油粉后则类似巧克力色。

（3）火焰色呈橙红明，橙白亮。点燃线香后，火焰不宜太亮，灰烬以触手不刺痛、可耐受为限，若非则助燃剂量过矣。

（4）香烟色有青灰、青白、青紫。以色观之则清丽纷绕者为上，好香一烟五色若霞；如果出烟迅急，烟色灰淡，则可能有添加剂，因而判定是微烟香。

（5）香味甜、纯、滑、爽。甜味为基础，有砂糖、蜜糖之分；纯指清晰度，黏粉多则香味迟钝淡薄；滑是品味级香所有，气丝爽滑不刺激鼻腔；爽则更是上通经窍，令人通体舒泰。

（6）灰烬有灰白色，雪白色。雪白则添有助燃剂无疑，燃而不断则为黏粉过多。

搅拌不均匀，则线香出味时有时无，香气难以平稳。烟气越沉，发烟越稳，色泽越丰富，其香则越优。香若为初造，烟气猛烈，属正常，三年五载之后其味稳定。鉴别线香还可由近至远闻其变化。不同点燃形式也有差别，卧香炉燃烧较不充分，此宜直立点燃。

我们日常使用线香时，也应注意一些细节。如闻线香不要凑着鼻子去闻；刚点燃的线香是不会有香味的，这时要先插香座，不要去闻香味；品线香不同于拜佛，不要放置很高，最好放在比较低矮的桌子上；点线香的时候要保持室内通风，这样更利于香味的扩散。待线香燃烧片刻，就可以开始细细品香了，香味才会慢慢钻入鼻中。

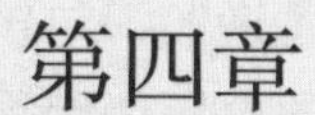

第四章

香道器具

“工欲善其事，必先利其器。”此常理对香道也是适用的。要掌握香道知识与技能，了解香道器具是必不可少的。香具是指使用香品时所需要的一些器皿用具，也称香器。严格地说，制香时使用的器具称为香器，用香时使用的工具才称为香具。

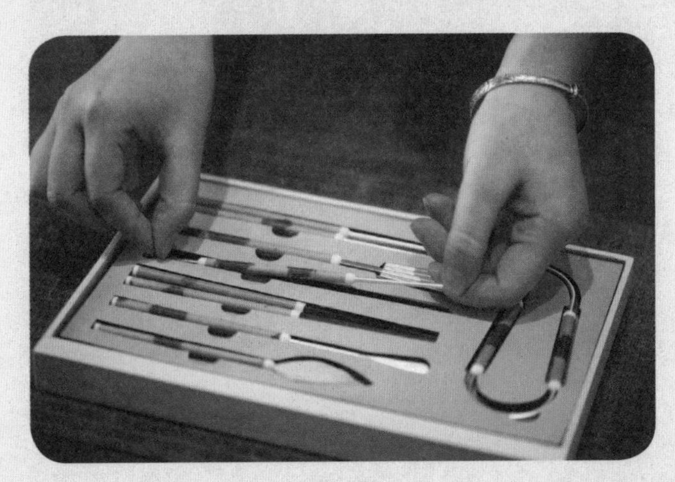

湘妃竹香具

第一节 传统香具

传统香具中最常见的是香炉，以及手炉、香斗、香筒（即香笼）、卧炉、香球、香插、香盘、香盒、香夹、香箸、香铲、香匙、香囊等。对中国人而言，香具同时具备实用与装饰两种功能。典雅精美的香具既可便利用香，又能增添情趣，装饰居室，堪称妙物。除了实用价值外，基于美观及装饰的需求，香具的型制、炉身的造型、色彩，更是琳琅满目，配合缕缕香烟及美好的香味，可使用香的情境达到极致。

据《香典》记载，香炉之名，始见于《周礼·天官家宰》："官人寝室之中，供有炉炭。"可见，中国在尚未产生专用的香器之前，最先使用一般的铜炭炉来熏香。春秋时期，有"王子婴次炉"，专供室内取暖。战国时期就已开始使用铜质熏炉，此后历代出现各种式样的香炉，材质各异，有陶器、瓷器、铜器、镶金银器、掐丝搔珐琅、竹木器及玉石等，种类丰梢。但是专门为焚香而设一计的香具，却迟至汉代才出现。

汉初，中国产生了一种千古闻名的香炉——博山炉。博山，相传是东方海上的仙山。博山炉盖上雕镂山峦之形，山上有人物、动物等图案。焚香时，香炉升出袅袅香烟，斗室之间，宛如神山盘绕着终年的云雾，煞是好看。因此，博山炉的神仙之说流行于两汉及魏晋时期。

在汉代，专为焚香而设计的香熏已经出现，在如今各地出土的汉代古墓中，发现了大量的熏香器等随葬物品，可知当时熏香习俗已经很普及。总体而言，汉代南方的熏香风气比北方更为盛行。就广州地区四百余座汉墓的出土文物中，熏炉就有112件，其使用盛况可见一斑。汉代就有官员使用香炉的文字记载，蔡质的《汉官仪》中："女侍史洁被服，执香炉烧熏。"

汉代有草本植物、龙脑香、苏合香等各种香品。干燥之后的草本植物的茅香是可燃物，为了使之充分燃烧，通常在炉身的底部钻有通气孔。有的炉身设计较浅，炉盖隆起，而且在炉盖上备有数层镂孔。这类炉具的容积较大，为了同时容纳自进气孔落下的灰烬，通常要设有承盘。由于龙脑香及苏合香等树脂类香品必须放在其他燃料上熏烧，因此这类炉身较深，以便放置烧红的炭块，有时加银硝或云母片，再放上树脂类香品，使其徐徐熏烧。出土的汉代香熏中就曾留有炭料、香料。

除了博山炉，汉代还出现了熏香的"熏笼"，以及能盖在被子里的"被子香炉"，即"熏球"。

香具发展到两晋南朝，又增一些新特点。东晋南朝士大夫中，以香沐浴、熏衣成为一时风尚。但熏衣的风俗在汉代就已出现。湖南长沙马王堆一号墓出土的文物中，就有为熏衣特制的熏笼。在河北满城汉代中山靖王刘胜的墓中，发掘的"铜熏炉"和"提笼"就是用来熏衣的器具。

在两晋南朝流行的香熏式样中，从三国到南朝晚期的圆罐式、豆式及有承盘的香炉式样发展历程大略可分为三期：

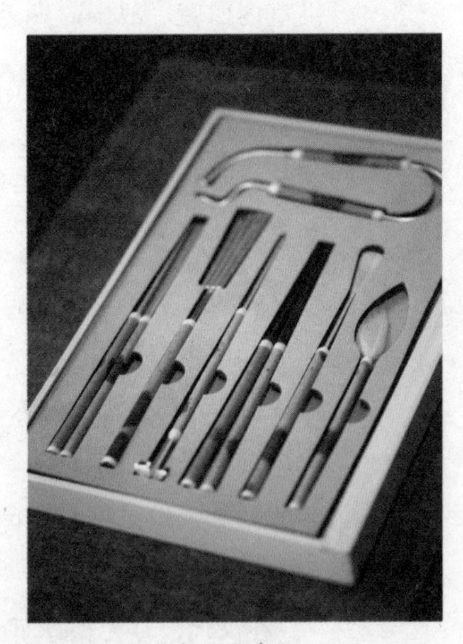

湘妃竹香具

第一期为254—316年，即孙吴中期至西晋末年。这一时期的香熏，造型简单，整体为罐形，侈口鼓腹、圈足，上腹镂刻三排圆形镂孔，没有承柱和底盘。

第二期为317—357年，即东晋立国至穆帝升平以前。这一时期的香熏，熏体为短直口圆腹罐形，腹部有大三角形镂孔，承柱亦为上下大小一样的圆柱体，承盘则为平底钵形器。

第三期为358—479年，即东晋后期至南朝刘宋时期。这一时期的香熏，酱釉、罐形熏体、小口鼓腹，腹部密集分布长三角形的镂孔，圆柱形承柱粗短而直，承座则为宽檐盘形。

唐代的香具开始出现新兴的式样。多足香熏、熏球及长柄手炉不断涌现，质地多为金属器或鎏金银品。唐代流行金属香球、香熏。唐代的多足带盖铜香熏十分独特，也有附提链者。带长柄的手炉常见于佛画中的引路菩萨图及罗汉画。此外还大量出现了用金器、银器、玉器做的香具，虽是模仿前朝博山炉的制式，但外观更加华美。

此时熏球、香斗等香具开始被广泛使用。在敦煌壁画里常见香斗、博山炉等丰富多彩的唐代香具。法门寺的文物中有鎏金银香熏、鎏金银香球，是皇室为迎送舍利真身专门制造的。

到了宋元明清时期，香具的使用和制作进入一个高峰期。从宋代绘画取香动作的图中，可以看出宋人焚香常同时使用香炉及香盒。宋人绘画的添香者常以食指、大拇指拈出香丸放入炉具内。宋代也流行将香料压成“香篆”，即将粉末状的香料用模子压出固定的形状然后点燃。

宋代烧瓷技术高超，瓷窑遍布各地，瓷香具（主要是香炉）的产量甚大。宋代最著名的“官、哥、定、汝、钧”五大窑都制作过大量的香炉。瓷炉虽然不能像铜炉那样精雕细琢，但宋代瓷炉却自成朴实简洁的风格，具有很高的美学价值。

在宋代的香炉有许多特殊的造型，如现藏于芝加哥艺术馆的宋影青鸟形香炉，炉盖蹲伏着一只似鸳鸯的水鸟，炉身贴了两层莲瓣纹，也有承盘。盘底有如意云头花式足。香就从鸟嘴溢出，炉身挖有小气孔。

宋代另流行一种豆形香炉，形如高足杯。元明清代则流行成套的香具。例如，元代流行“一炉两瓶”的成套香具，明代16世纪的绘画中就已出现“炉、瓶、盒”。这种组合式香具，是为了方便储放香幽静篆、香铲。

宋人对合香的熏烧特别讲究。香品点燃之后，并不投入火中，香炉内铺有厚厚的保温用的炉灰，拣一小块烧红的炭块，埋于正中央，再薄薄地盖一层灰，只露出一点，置一薄银片以隔火，再将香品放在薄银片上熏烤，香气便可自然抒发，没有烟燥气。此外，炭块不只是普通的木炭，而是精制的炭团。

银叶片

此外，宋人也使用香篆。南宋杭州城住宅区内的各种服务业中就有专门为人“供香印盘”的服务业，他们包下固定的“铺席人家”，每天去压印香篆，按月收取香钱。

明朝嘉靖官窑也有所谓的“五供”。五供是“一炉、两烛台、两花瓶”的成套供器，使用于祭祀及太庙、寺观供奉等正式场合。明代盛行铜制香炉，这与宣德时期大量精制宣德铜炉有关。宣德年间，曾使用泰国进贡的数万斤铜料，铸制3300余件的“宣德炉”。明晚期，民间大量制作铜香炉，设计精良。“宣德炉”所具有的种种奇美特质，即使以现在的冶炼技术也难以复现。铜香炉的盛行与当时盛行燃烧各种品级的沉香木块有关。

第二节　现代香具

现代香具是相对传统香具而言的，它常以成套方式与系统的形式出现，在具体的香道活动、品香雅集中有着重要的地位。

香粉罐

明清盛行“炉瓶三事”，可谓是现代香具之先声。“炉瓶三事”指常用的焚香用具：一个香炉，一个香盒，一个小瓶（或称箸瓶、铲瓶）。一般瓶中插香箸、香铲。炉瓶三事虽然是焚香的重要器物，但还有一些器物也是不可缺少的，如隔火即是香炉焚香用来盖火的用具。

一般而言，现代香具功用明确，行香具、点火工具、割香工具则是其典型。

行香具，即行香的工具，有香炉、香盒、香具瓶及平香镇、香签、香匙、香筅、香拂、香取共 9 件。闻香炉高 6~8 厘米，直径 6~7 厘米。闻香炉一般要求成双成对，这些只是香道的主要工具。

点火工具的容器称香筋瓶，点火工具包括银叶挟、香夕、香箸、莺（一种别针，封香包用）、羽帚、火筷、灰押7种。装香木和银叶的银器称为香盒。银叶是镶有金边的薄云母片，点香时将银叶放在火上。试香、组香所使用的盘子称试香盘。本香盘亦称银叶盘。装香牌简称牌筒。由纸制四角形容器称折成，装对答用的香牌。包裹试香包和本香的包称为总包。香包没有统一规格，但香包使用的纸要比总包略薄。

割香工具共5种，包括锯、小刀、厚刃刀、槌、凿子。割香时使用的台子称割香台。大小没有统一规定，一般多为10厘米左右。

在香具中，有专门用来装主要香具的工具，如装香道工具的、四方盆、长盆及包裹试香包和本香的总包。

有的学者和香学专家根据传统香具，自创了一些现代香具，如陈云君《云养六合》提到他设计制作的6件行香手器（即随手用的工具）。

①平香镇：用来压平整理香炉内存香灰的平头丁字形工具。使用时应注意手劲适中不可过重，过重则香灰太实不宜起火；又不能轻浮，轻浮则香灰散乱不平，不好打香孔。

②香匙：即取用香末的小勺，较之文房用的水匙勺略小而柄长。

③香拂：用鹅羽（鸽、鸡之类皆可）制成带柄的小帚，用来清理香炉边和平香镇、香匙等物上残留的香末、香灰，同时用香巾（银灰色的干净棉质巾）拭抹。

④香签：此工具分为二件，一件香签直径较大，柄不太长，是专为打蓄香炭的焖香香孔之用；一件香签为细长、直径小的打火孔之用。

⑤香取：即夹取香材（沉香片、植香片、香炭、云母片）的带柄夹子。

⑥香筅：即整理香炉内香灰的一种平刃长柄小铲。

在陈云君《云养六合》中，行香具分为两大类共9件。香炉、香盒、香具瓶为一类；他自创的手具平香镇、香签、香匙、香取、香拂、香筅为一类。另外，还有三种行香物品，即：

①香炭：一种精致的竹、木炭，即烧制良好的无烟炭块，在日本等地香道中常用。

②香巾：擦拭各种香具的手巾，但不取毛巾、丝巾，而最宜棉布，用银灰色棉布制作最好。

③云母片：熏沉香时垫于香孔之上、沉香片下之用。

陈云君“云养六合”是在传统“炉瓶三事”的基础上再自创出符合现代香道活动习惯的用具，具有一定的创新性和实践性，而且有一定的突破性。台湾香学专家刘良佑曾在2001年推出了一种新式品香用具，并被列入专利。

日本香道工具大约有20多种，其中有承托香具、香品的乱箱（集装香道工具的箱子）、四方盆、长盆及包装香品的总包；有闻香炉（手执近嗅的小香炉）、取香炉（燃香焚香的安置香炉）；有香匙（取香末用）、灰押（打香灰用）、羽帚（清理炉边香灰用）、火筋（取香炭用）、香筷（夹香品用）、银叶挟（取云母片用）；有地敷（铺在香案前的地毯）、香盘（盛香具、香品的盘子）、银叶（云母片或薄银片）、香包（包有香品的小包）、名垂纸（记录香品的笺）；有割香的工具，如小锯、小刀、小凿子、厚刃刀（割坚硬香品所用）等等。

现代社会中，以电子熏炉、电子香炉、云母片等为代表的香道器具迅速进入香道文化，但具体香道雅集，还是以具有传统气息的器具为主。

第三节 主要香具

在众多香具之中，最为常见的主要的当属香炉，香炉不仅品种最繁多、历史最悠久，其制作也最为繁复，造型丰富，如博山形、火舍形、金山寺形、虫肖足形、鼎形、三足形等。

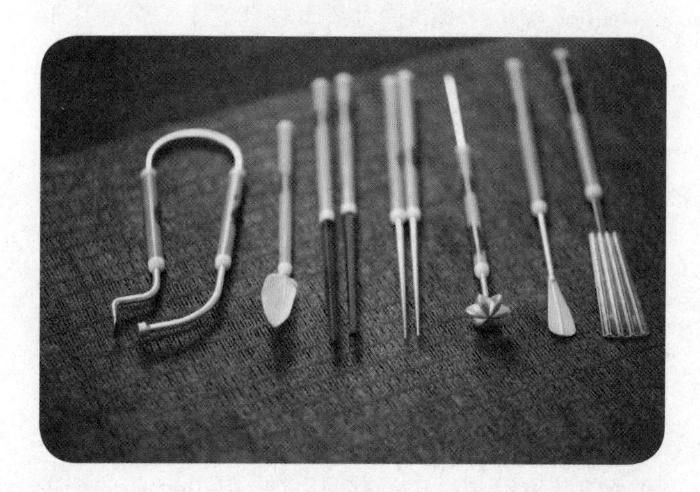

香具

制作香炉的原料大致有陶瓷、石头、金属等材料。陶瓷制的香炉，由于陶土的可塑性极强，所以造型最多变，以圆形为主，有的雕镂花纹，有的塑莲花为底座，适用于燃烧立香、盘香、香粉等。也有陶瓷所制卧香炉，造型与色泽变化较少。

石制香炉往往选择大理石、玛瑙石等做原料。由于其雕刻必须一体成形，否则可能因一处刻坏就前功尽弃，因而在制作上比陶制香炉更费功夫。

金属香炉多为铜、铁、锡材质。明清以来流行使用铜香炉，铜炉不惧热，而且造型变化多端。其他材质的香炉，使用时须在炉底放置石英等隔热砂，以免炉壁过热而炸裂。

香炉的种类繁多，可从不同角度来划分。从炉器整体样式来看，可分为拟礼器类、拟动植物类、拟器物类、拟景观类、拟几何体类等四大类。其中，拟礼器类是指模拟古代礼器的形状，如鼎式炉、琮炉等；拟动植物炉，如龙、麒麟、角端、狻猊、象、鹤、雁、凤、孔雀、莲花、海棠、竹节等等；拟器物类有筒、仓、钵盂、盏、杯、鼓、台几等；拟景观类炉器，有博山炉、佛塔炉等；拟几何体炉器，形如长方体、球体等。

也可以从炉器的局部样式来细分，可据腹、耳、纹饰、口、足、盖、钮、座、盘、提链、提梁等局部样式分为多种样式；有些香炉带有附属功能（例如，可以放置香箸、印香模等辅助工具），可列入炉器的“附属部”。

其中，从整体样式来看，分别介绍以下几种类型：

①鼎式炉：模仿青铜鼎的形状，分圆形和方形两种。圆形多为三刀形足，方形多为四刀形足且足较高。两立耳多直立或者弯曲向上；一般都是无盖的，偶尔有盖，盖上面一般有钮。

②琮炉：炉器的形状像琮，圆口，肩、腹一般为正方形或者长方形，足多为圈足或者拟形足。

③墩式炉：形如敦。整体轮廓接近球形，圆腹，两耳，有盖。盖为半球形或覆盘形，有捉手。三短足或圈足。墩一般用于盛黍米等饭食，与盛肉食的鼎搭配。

④彝炉：口或小或大，腹明显鼓出，口径小于或明显小于腹径。圈足，侧面有耳，小耳居多，位置偏上（常位于肩部）。彝炉与笠式炉较为相似。相比而言，笠式炉多低、宽型，而彝炉常较高且其口更小，腹部鼓出更明显，耳更小，位置更高。

⑤压经炉：也称“押经炉”。整体器形较扁，鼓腹，凹颈。耳在侧面，连环耳或环耳（耳上部有一角上翘）。三足，平底矮足，常配莲花座。多为佛家所用。

⑥筒式炉：圆口，直腹，形

如圆筒，口径与底径大小基本相同。三足或矮圈足。

⑦洗式炉：形如盛水器具，源自商周的盘。敞口，腹部一般较浅，又可分为敛腹、直腹和斜腹三种，足分立足和圈足。

⑧盂式炉：形如盂。敞口，口径差不多和腹径大小，微鼓腹或鼓腹。或高或低。盂是古时的大型盛饭器，也可盛汤水，故为“敞口”，便于倾倒盂内食物。

⑨方炉：形如略矮的正方体或长方体。口为正方形或长方形，直腹或者腹下部微弧。四矮足或方圈足。一般有两耳。

⑩扁炉：浅腹，直壁，整体器型很矮、宽。方口或圆口。很矮的筒式炉、方炉等皆可列入扁炉。

⑪豆式炉：形如古盛豆器。上有或深或浅的圆盘，下有圈足，中为束腰炉柄。有的有盖，有的无盖。盖上有把手。

⑫乳炉：整体器形较扁，线条流畅舒缓，鼓腹，三矮足。耳多立于口上（如朝天耳、桥耳），有礼天之意。

从香炉的局部构造来看，这里介绍香炉耳和香炉足。香炉耳一般是为了方便提取和搬移而设计的。对小型香炉来说，耳只是作为装饰存在。随着人们审美眼光的提高，大小香炉装上双耳无疑会更加美观大方。因而，后世不断发展并生产各式美观的香炉耳。香炉的足形则受青铜器的影响较大，几乎所有类型都可以从夏商周三代的青铜器中找到原型。从宋代开始，香炉足因香炉使用的日常化倾向而形成更多的种类。

①乳足炉：上圆下尖，如乳突，略有肥瘦长短变化。足一般都比较短，约长一厘米。

②柱足炉：香炉足一般为圆柱体，有较小的粗细变化，偶尔有方柱形。

③圈足炉：因为香炉足和香炉融为一体，形成一圆圈状而得此名。

④兽足炉：香炉足一般被雕刻成龙、大象、老虎、牛等动物造型而得名。

⑤锥足炉：因香炉足由上到下逐渐变细，形状又如同锥形而得此名。

香碳架

⑥朝天耳：又名“冲天耳”。半圆或者方形的双耳立于炉口上沿，一般认为有敬天之意。

⑦鱼耳：又名“双鱼耳”。因耳垂处分叉较像鱼尾而得名。

⑧桥耳：又名“丹眼耳”。双耳做成了如有弧度的桥型，立于香炉口上沿。

⑨朝冠耳：位于炉肩，向上翘起，如同乌纱帽上的方翅。

⑩兽首耳：一般雕刻有凸起的老虎、狮子、大象、虫豸、凤鸟等兽首形状，有的带有环。

⑪连环耳：环耳上有圆环，成连环状而得名。

香炉的刻纹不同，往往表示用途也不同。新石器时代，香炉多为素面。夏商周时期逐渐出现与三代青铜器上类似的花纹。魏晋以后，香炉的装饰刻纹逐渐增多，有动植物刻纹，也有几何形图案。宋代以前变化不太大，但到了宋朝，香炉的刻纹变得古雅起来了，篆文、乳钉、铉纹等仿古元素逐渐增多。到了明清时期，香炉的刻纹种类更为繁多起来，或富丽堂皇，或古朴大方，或纤巧精致，不一而足。

①铉纹：炉外壁上装饰有数条绕炉身一周的凸出的平行线。有的将线条分组排列，如“九元三极炉”中九条线。分为三组。

②动物纹：在炉身、炉盖上饰有龙、凤、蝙蝠、麒麟等带有祥瑞寓意的动物图案。

③文字纹：炉壁上装饰有文字符号，如梵文、诗词、藏文、满文、古篆，“福”“寿”等字，多则数十字，少则几个字。

④植物纹：在炉身、顶盖或全身装饰莲花、牡丹、团花等植物纹饰。

⑤几何纹：香炉炉身通过镂空、浮雕等技法装饰成三角、圆等几何形图案。

⑥乳钉纹：乳钉纹形如突起的乳突，多排列成带状列于香炉边沿。

从功能与使用特点来看，可从不同角度列出一些较有特点的类型。例如，适用于线香的“卧炉”和“香筒”，能自由旋转的“薰球”，适于薰衣物的“熏笼”，适于同时熏烧多种香品的“多穴炉”，适于印香的“印香炉”，多用于手持的“柄炉”等等。此外，可列出“熏（香）炉”和“承（香）炉”。

①薰炉：“薰炉”一词历史久远，甚至早于香炉，西汉时已将博山炉称为“薰炉”。其含义有广义与狭义之分：广义的“薰炉”指“薰香的炉具”，与“香炉”基本相同。狭义的“薰炉”指一些特殊的香炉，大致有三类：

其一，便于“闷熏”的香炉，炉身有一定的封闭性，利于“闷”薰炉内的香品也能防止火灰溢出。大都设有炉盖，炉腹及炉盖上设有较多“壁孔”。熏烧盘香时，可用普通香炉，也可用设有炉盖的“薰炉”。

其二，便于“熏烤香品”的香炉，不直接点燃香品，而是用热源（木炭、炭饼、电热装置等）间接地“熏烤香品”，催发香气。或有盖或无盖，炉腹容积不宜太小，也可设置壁孔。

其三，便于“熏染其他物品”的香炉，使炉外物品（如衣物、被褥等）染着香气。或有盖或无盖，薰香时大都不用炉盖。汉晋时期即有许多此类薰炉，常用于熏衣。

②卧炉：用于熏烧水平放置的线香，有点像方炉。形状如同

略扁的正方形或者长方形，形制较扁，有戈足。

③印香炉：又称“篆香炉”，用于焚烧印香。器形较多样，腹部较浅，香炉炉面平展开阔。

④印香模：又称“香印”“篆香模”。制作印香的模具，形如“镂空的印章”。大小不等，造型各异。多以木材（雕镂）、银等制成。

⑤多穴炉：形如多个薰炉联结在一起，炉腹互不联通，可同时熏烧多种香品。此类香炉数量很少，曾见于广州出土的西汉南越王墓。

⑥提炉：又称“提梁香炉”。带有提梁，便于提带的香炉。

⑦柄炉：又称“长柄香炉”“香斗”。带有较长的握柄，一端供持握，另一端有一个小香炉，香炉有各种样式。熏烧的香品多为香丸、香饼、香粉等。可在站立或出行时使用；可手持炉柄，炉头在前，也可一手持柄，一手托炉。此类香炉在佛教中使用较多，魏晋至唐代尤其流行。

提到香炉，不可不提两大千古名炉——博山炉和宣德炉。因前文已有论述，这里仅作简要介绍：

①博山炉：一种造型比较独特的熏炉，它炉盖高耸，顶部呈尖锥状，基本模拟仙山形状（如前文记载），山上有飞禽、走兽、神仙等，随山起伏而镂出隐蔽的孔洞使香烟逸散，焚香之时，气象万千，宛如云雾盘绕的仙山，呈现一种生动的山海之象。当然雕饰的种类、炉盖高度和造型都不尽相同。所用材质也有多种，汉代多为铜质，也有釉陶和彩绘。

战国时已出现博山炉，而真正流行于西汉中期至魏晋南北朝七百年间，地位很高，一般被视为汉代工艺品的重要代表之一。比较有名的有汉武帝时的鎏金银高柄竹节熏炉，1968年出土于河北的汉代中山靖王刘胜墓中的错金博山炉，汉成帝时期的五层金博山香炉等。

②宣德炉：一般认为宣德炉是明代宣德年间所造的铜香炉。它是中国历史上首先使用黄铜铸成的铜器。它是由宣德皇帝亲自督造的，采用外国进贡的风磨铜，精工制作了约3000用于祭祀和日用的鼎彝炉器。

后世制作宣德炉除了采用黄铜矿石，也采用赤金、白银、锌、铜等材料，甚至有些还采用品类繁多、五彩斑斓的矿石等。宣德炉色泽内敛，端庄古朴，品种有117种之多，质感比较特殊。宣德炉色泽十分丰富，有棠梨色、蜡茶色、经纸色、蟹般青色、栗壳色、琥珀色等等，有些炉的色泽还会随着季节或天气的变化而变化。绝大多数的宣德炉是无盖的。

香器组合

好的香炉，养护也是十分重要的，养护得好能使香炉质地持久温润，香气长期内蕴，品相典雅，使人赏心悦目。香炉的养护要注意如下事项：

（1）新炉购回后要先进行精心的擦拭，擦拭时最好用比较细腻的棉布，把香炉内外的油渍、灰尘擦拭干净；

（2）选择好的香灰装入炉中。香灰可用松针、柏叶、荷叶等煅烧而成，也可选择传统香焚烧获得的香灰；

（3）用好香养护。新炉第一次使用要尽量燃好香，点燃后盖上炉盖，使炉温升高，香气慢慢浸入炉体并化于炉外，多养护几次后炉具便像有了生命、有了灵气。香炉需要经常的养护，才能保持这种灵气。

（4）香炉、香具要经常擦拭，保持洁净以增加美感，使之不失庄重。炉面上灰尘会吸附香炉的灵气与光泽。无论哪种材质的香具，保持洁净是十分重要的。

（5）炉具的移动要轻拿轻放，以免碰撞损伤。炉具表面要防止酸性、碱性物质腐蚀，不论哪种材质的炉具，被酸碱性物质侵害后都会造成不可挽回的损伤。不常用的炉具，要放在干燥通风架上或经常看得到的地方，以便提醒自己及时养护。

第四节　辅助香具

在香具的大家族中，除了香炉这一主要香具外，还有很多具辅助作用的香具，如手炉、香斗、香筒、卧炉、薰球、香插、香盘、香盒、香夹、香箸、香铲、香匙、香囊等。

香道之器物

1. 手炉

手炉是可握在手中或有提梁可供随身提带的小熏炉，类似暖炉。一般形状为圆形、方形、六角形、花瓣形等；炉盖表面镂空，炉身常雕琢成花格、吉祥图案、山水人物等各式纹样；材质一般为黄铜或白铜。手炉常用于取暖、熏香。

在湖南长沙赤峰山二号唐墓曾出土一件铜香炉，底座作覆莲形，中有小柱与香斗通，柱柄柄头有一夔金小兽。出土时香炉中满储香料余烬，为供佛之用。

同墓随葬品中还有一件铜香熏，球形炉身，炉盖呈圆锥状，底座为喇叭形。出土时已残破，同样式的手炉在各处唐墓也曾出现，这说明了手炉在唐代相当流行。虽然唐代的焚香中还有博山炉、香球及香熏，但是在佛家壁画中出现的焚香器以手炉和博山炉为主。

敦煌莫高窟壁画中，随处可见到供养的人像手持手炉的景象。英国大英博物馆的收藏品中就有敦煌之唐代绢本引路菩萨图，图中的菩萨就手持铜手炉。

手炉盛行于明清之际，制作工艺也很精良。

2. 薰球

薰球又称“香球”，多以银、铜等金属制成，呈圆球状，带有长链，球体镂空，并分成上下两半，两半球之间以卡榫连接。球体内设有小杯，以承轴挂于中央，无论薰球如何转动，小杯始终能保持水平，杯内的香品也不会倾倒出来。由于这种精巧的设计，即使把薰球放到被子里也不会倾覆熄灭，所以也称“被中香炉”。也有较为简单的薰球，仅套一层（或两层）小球，常设有提链，可于出行时使用或悬挂于厅堂、车轿中；可加设底座，便于平放。

熏球的出现，一般认为始于唐代武则天至玄宗时期，大致盛行于陕西西安一带。据《西京杂记》记载，西汉时已有“薰球”，巧匠丁缓曾制出“被中香炉”。现已出土多件极为精美的唐代银薰球。

唐代也曾将薰球称为“香囊”。法门寺地宫出土的“衣物帐(文物名册)”即把薰球记为“香囊”，唐代王建也有诗“香囊火死布气少”。文献记载，宋代的皇家仪仗队就有执香球者。宋代妇女乘车出行时也有丫鬟手持香球，贵妇袖中持小香球，于是车过驾经之处香烟如云，尘土皆香。

3. 香囊

香囊常用于盛放香粉、干花等香品，以便于随身携带或佩挂，多为刺绣丝袋，也常把绣袋再放入石、玉、金、银等材质的镂空小盒里。系有丝线，能挂在颈下的也称为“佩香”，是能散发香气的香具。

用于佩戴的香囊在宋代记载

中处处可见：南宋端午后妃诸阁、大玛近侍获赐翠叶、五色葵榴、金丝翠扇、珍珠一百索、钗符、经筒、香囊、软香龙涎佩戴，及紫练、白葛、红蕉之类。

4. 香篆

印香的模子，也称为“香印”“香刻”，常以不同的引文表达不同含义。一般为了便于香粉燃点，合香粉末会用模子仄印成固定字形或花样，然后点燃，循序燃尽。这种方式称之为“篆”，印香篆的模子称为“香篆模”，多以木制成。古时禅寺中常烧香篆以测知时间，也有烧香篆以修密法者。

香篆又被称为“香印”，焚香时在香炉内铺上一层砂，将干燥的香粉压印成篆文形状，字形或图形绵延不断，一端点燃后循线燃尽。由于取用的香是呈松散的粉状，点燃之前才以模制成绵延不断的图形，而且移动模具时很容易碰坏图形，因此使用并不方便。

5. 香筒

香筒是竖直熏烧线香的香具，又称“香笼”，常用于焚烧线香。造型多为长而直的圆筒，上有平顶炉盖，下有扁平的承座，炉壁镂空，以通气散香。筒的表面雕各种花样，筒内设有小插管，以便于安插线香。常直立使用，也可纳于怀袖或衣被中。其质材多为竹木、玉石或象牙。

明清时多用线香，香筒也广为流行。故宫展出的明清香筒有明雕竹人物香筒、明有玉龙凤镂空香筒、清象牙雕梅雀香筒及作为插香用的清青花小香筒。在江西南城明益定王朱由木墓中也曾发现一件镂空蟠璃玉香筒。其质地为白，玉圆筒外壁镂空梅花、璃纹，盖面镂刻盘璃，精美异常。

6. 香盒

香盒是存放香木、香粉、香片、饼香的盒子，又称“香筥”“香合”“香函”“香箱”等。形状多为扁平的圆形或方形，材质多为木制，体积大小不等。又称“香盛”，常用于盛放香品，如香丸、线香、香木片等。因此，香盒既用作容器，也是装饰香案、居室的物品。

香盒通常为木制加漆，亦有陶制与金属制。常见的形状为扁平圆形。香首有大香、小香首之别。原来是供佛的法器之一，后世则用于茶席等，其造型也和以往不同。

此外，元明清时流行成套的香具，大多为“炉、瓶、盒”的组合即香炉配上香盒，而瓶则是为了放置铲香粉的香铲及持香的香箸。

①香插：用于插放线香的带有插孔的基座。基座高度、插孔大小、插孔数量有各种款式，以适用于长短粗细不同规格的线香。

香插的流行似乎较晚，多见于清代。

②香斗：又称“长柄手炉”，是带有长长的握柄的小香炉，多用于供佛。柄头常雕饰莲花或瑞兽。香斗在唐代已经很流行，敦煌壁画中就经常出现香斗。香斗所烧的多为颗粒状或丸状的香品。

③卧炉：用于横向点燃的线香，也称横式香熏。类似于香筒，但横竖方向不同。

④熏笼：在香炉外面罩以“笼”形器物，大小不一，常用于熏手巾、熏衣、熏被，也可用于取暖。“笼”的材质有竹、木、陶瓷等。

源氏香炉

⑤香盘：又称“香台”“香盛”“常香盘”，是焚香用的扁平的承盘，材质多以木料或金属。香盘是指焚香之盘。以木或金属做成之方形台，盘中盛香作“梵”字形，常点火焚之。

⑥香夹：常用于夹取香品。

⑦香箸：又称“香筷”，用于夹取香品，多为铜制，而银制更佳。

⑧香铲：常用来处置香灰，用来铲平、填埋香篆上的香粉，多为铜制。

⑨香匙：用于盛取粉末状或

香瓶

丸状香品，多为铜制。

⑩香炭：用于熏烧香品的炭，以借助炭火熏烧香丸、香木片等香品。

⑪火箸：用于处置香灰、炭火，多为铜制。

⑫火匙：用于处置香灰、炭火，多为铜制。

⑬香桌：进行点香礼法时用的桌子，没有特定的桌子时用茶桌，书桌亦可。

⑭香几：存放香道具并辅助香道礼法进行的几案，至少两层，比较实用。

⑮灰押：用来压平香灰的带柄小工具。

⑯香帚：或称“羽扫”，用来清理焚香器的小帚。

⑰香瓶：插放香匙、香帚、香箸、香铲的小瓶子，又称“香壶”“匙箸瓶”。瓶口常有分隔的插孔，使匙、箸等互不相混。

⑱炭盘：备火时，用来置放炭团，帮助炭团充分燃烧、带网架的小盘子。

⑲点火器：带有可弯曲头口的打火机。

⑳银叶：也叫“云母片”“薄云”，放在埋有燃着炭团的香灰之上的隔火片。

㉑银叶夹：夹取银叶的夹子。

㉒香巾：用来清理香道具的白色棉巾。

㉓点香巾：铺在香桌、榻榻米之上，摆饰香道具，进行点香礼仪时用的垫布。

第五节　香道术语

每种行业都有所谓的“行话”。香道自然也不例外，也有自身的香道术语。掌握香道术语是学习香道的基础。所以，除了前面已涉及的外，这里再介绍一些新的香道术语。个别的术语虽然已经说清，但为了使相关事项更为完备，故再次简要说明。

燃香品茗

一、香道基本术语*

1. 香料

香料亦称“香原料”，是一种能被嗅感嗅出的气味或能被味感品出香味的物质，是用来调制香精的原料。香料的分类可简单分为天然香料（动物或

*编者注：香料、香气评定法，《中华人民共和国国家标准 GB/T14454.2—2008》《香料香精术语》《中华人民共和国国家标准 GB/T21171—2007》

植物性天然香料)和人造香料(单离香料、合成香料)。

2. 香精

香精亦称“调和香料”，是由人工调配出来的多种香料的混合体。香精具有一定香型，例如玫瑰香精、茉莉香精、薄荷香精、檀香香精、菠萝香精、柠檬香精等。调和所用各类香精常用质量百分比或千分比表示。

3. 天然香料

天然香料分为动物性或植物性天然香料两大类，它来源于自然界中的动物或植物。常用的动物性天然香料只有四种，即麝香、灵猫香、海狸香、龙涎香。

植物性天然香料是以自然界中植物的花朵、叶、枝、皮、根、茎、草、果、籽、树脂等为原料，经水蒸气蒸馏法、压榨法、浸提法或吸收法制取的产品，这些产品在商业上分别称为精油、浸膏、净油、酊剂、香脂、香膏、树脂、油树脂等。

4. 合成香料

采用天然原料或化工原料，通过化学合成的方法制取的香料化合物，称为合成香料。目前，世界上合成香料已达5000多种，常用的产品有400 ~ 500种。

按官能团分类，可以分为酮类、醛类、醇类、酸类、酯类、内酯类、醚类、酚类、腈类、烃类、缩醛缩酮类等香料。按原子骨架分类，可以大体分为萜类、芳香族类、脂肪族类香料，含氮、含硫、杂环和稠环类香料，合成麝香类香料等。

5. 单离香料

使用物理或化学方法从天然香料中分离出来的单体香料化合物称为单离香料。例如从薄荷油中分离出来的薄荷醇，从山苍子油中分离出来的柠檬醛等。

6. 辛香料

辛香料专门作为调味用的香料植物及其香料制品。例如花椒、花椒油、胡椒、胡椒油、茴香、茴香油等。

7. 精油

精油亦称“香精油”“挥发油”或“芳香油”，是植物性天然香料的主要品种，对于多数植物性原料，主要用水蒸气蒸馏法和压榨法制取精油。

例如玫瑰油、薄荷油、薰衣草油、鸢尾油、茴香油、冷杉油等均是利用此方法制取的。对于柑橘类原料则主要用压榨法制取精油。例如红橘油、甜橙油、圆柚油、柠檬油等。

8. 浸膏

浸膏是一种含有精油及植物腊等呈膏状的浓缩的非水溶剂萃取物，是植物性天然原料的主要品种。

用挥发性有机溶剂浸提香料植物原料，然后蒸馏回收有机溶剂，蒸馏残余物即为浸膏。浸膏中除含有精油外，尚含有相当量的植物蜡、色素等杂质，所以在室温下多数浸膏呈深色膏状或蜡状。例如茉莉浸膏、桂花浸膏、墨红浸膏、晚香玉浸膏等。

9. 香脂

香脂采用精制的动物脂肪或吸收鲜花中的芳香成分的植物油脂，这种被芳香成分所饱和的脂肪或油脂统称为香脂。香脂可以直接用于化妆品香精中，也可以经乙醇萃取制取香脂净油。

10. 香膏

香膏是香料植物由于生理或病理的原因而渗出的带有香成分的膏状物。香膏大部分呈半固态或黏稠液状态，不溶于水，几乎全部溶于乙醇中。其主要成分是苯甲酸及其酯类、桂酸及其酯类。例如秘鲁香膏、吐鲁香膏、安息香膏、苏合香香膏等。

11. 树脂

树脂分为天然树脂和经过加工的树脂。天然树脂是指植物渗出植株外的萜类化合物因受空气氧化而形成的固态或半固态物质。例如黄连木树脂、苏合香树脂、枫香树脂等。经过加工的树脂是指将天然树脂中的精油去除后的制品。例如松树脂经过蒸馏后，除去松节油而制得的松香。

12. 香树脂

香树脂指用烃类溶剂浸提植物树脂类或香膏类物质而得到的具有特殊香气的浓缩萃取物。香树脂一般为黏稠液体、半固体或固体的均质块状物。例如乳香香树脂、安息香香树脂等。

13. 油树脂

油树脂一般是指用溶剂萃取天然辛香料，然后蒸除溶剂后而制得的具有特殊香气或香味的浓缩萃取物。常用的溶剂有丙酮、二氯甲烷、异丙醇等。油树脂通常为黏稠液体，色泽较深，呈不均匀状态。例如辣椒油树脂、胡椒油树脂、姜黄油树脂等等。

圆碳

香道术语按香材种类的不同还分为以下几种：

1. 龙涎香

龙涎香是珍贵的动物香料之一，大多认为是取自抹香鲸消化道内的分泌物，有“龙王涎沫”之美称，数量稀少，功效独特，常被称为“灰色的金子”，异常珍贵。

2. 麝香

麝香取自雄麝脐下香囊即腹部香腺的分泌物，乃香中之极品。

3. 灵猫香

灵猫香大部分为动物性黏液质、动物性树脂及色素。新鲜的灵猫香为淡黄色液态物质，遇阳光久后色泽变为深棕色膏状物。浓时气味腥臭浓烈，令人作呕，稀释后则放出温暖的动物浊鲜和麝香香气。

4. 海狸香

海狸香为四大动物香中价位最低的天然香料，用途也没有麝香和灵猫香之大。一般从雌雄海狸生殖器附近一对梨状腺囊（即香囊）中取出来的内藏白色乳状黏稠液制成，干燥后的海狸香为褐色树脂状的特殊香材，就是海狸香。

5. 麝鼠香

麝鼠香是取自麝香鼠香腺组织的分泌物，是仅次于四大动物名香的另一种名香。

6. 沉香

沉香是“沉檀麝涎”四大名香之首，又名“沉水香”，古语写作“沈香”（沈字，同沉），是一种混合了树脂、树胶、挥发油、木材等多种成分的固态凝聚物，而且形状不一，体积大小也不一。

7. 郁金香

郁金香在植物分类学上，是一类属于百合科郁金香属的具球茎草本植物，郁金香有香气等。

8. 香精

香精的香气是一种混合物。按照在挥发过程中所发生的香气变化，可分为头香、体香和底香。

①头香：是香精中被最先被嗅到的部分，是给人第一印象的气息。蒸汽压高、挥发快、香气持久性差的香料常作为头香。一般选择嗜好性强、清新爽快、能提高整体香气并富有特色的香气成分作为头香。如醛香谐香、柑橘香谐香、青香谐香、草香谐香和轻型花香或重型花香韵头香均可供香精头香调合用，它能产生整体流畅香气连续的调香效果。头香部分一般约占香精的 20% ~ 25%。

②体香：又称中段香韵，是继头香挥发之后，一股愉悦、丰盈的香气，它代表了香精整体的基本特征香气。作为香精体香的香料，挥发性能和持久度均属中等，约持续数小时。香水的体香多半采用花香和轻型木香。常用天然花香如康乃馨、茉莉、橙花、玫瑰、铃兰、紫丁香，常用的合成香料有新铃兰醛、龙涎酮、二氢茉莉酮酸甲酯、水杨酸异戊酯、水杨酸顺式 –3–己烯酯等。此外，幻想型谐香常是调香创作中有趣

的体香成分。体香部分一般占香精重量的 20% ~ 30%。

③底香：又称尾香、残香。香精挥发最后阶段的香气，一般可以持续数日甚至更久。蒸汽压低、不易挥发、香气持久的香料常作为底香。它在香精中的用量比例高达 40% ~ 55%。常用的有香树脂类香料、香根油、柏木油、香紫苏油、芹菜籽油、乙酰基柏木烯、紫罗兰酮、乙酸苄酯、苯甲酸苄酯，多环类、大环类合成麝香和硝基麝香，辛香香韵的丁香酚、异丁香酚、苄基异丁香酚；甜香香韵的洋茉莉醛、香兰素及其衍生物。动物香料中龙涎香、麝香和灵猫香则是最上乘的日化香精底香用料。

④香型：香型用来描述某一种香精或加香制品的整体香气类型或格调，如果香型、玫瑰型、茉莉型、木香型、古龙型等等。

⑤香韵：香韵用来描述某一种香料、香精或加香产品中带有某种香气韵调而不是整体香气的特征。香韵的区分是一项比较复杂的工作。

⑥香势：亦称香气强度，是指香气本身的强弱程度，这种程度可以通过香气的槛限值来判断，槛限值愈小，则香气强度愈大。

⑦调和：是指将几种香料混合在一起，使之发出一种协调一致的香气。调和的目的是使香精的香气变得或优美，或清新，或强烈，或微弱，使香精的主剂更能发挥作用。在香精中起调和作用的香料称为调和剂或协调剂。

⑧修饰：指用某种香料的香气去修饰另一种香料的香气，使之在香精中发生特定效果，从而使香气变得别具风韵。在香精中起修饰作用的香料称为修饰剂或变调剂。

⑨香基：亦称香精基，是由数种香料组合而成的香精的主剂。香基具有一定的香气特征，或代表某种香型。香基一般不在加香产品中直接使用，而是作为香精的一种原料来使用。

二、沉香术语*

1. 沉水香

沉水香指油脂丰富、置于水中能沉于水底的沉香，多呈黑色，也有黑偏红等色，是香药的佳品。尤其白木香树的枝、干、根等部位条状能沉水者。因其可加工成珠子、雕刻成工艺品而尤为珍贵。

2. 板头

板头指白木香树整棵被锯、砍掉或被风吹断后，其树桩经受长年累月风雨的侵蚀，在断口处形成沉香并附有薄或厚的香油。

3. 包头

包头指断口周边已被新生的树皮完全包裹住的板头。板头或包头又分“老头”和“新头”。

4. 老头

老头指断口经风雨侵蚀的时间较长、断口处的木纤维已完全腐朽脱落，呈黑色或褐色且质地坚硬的板头或包头。腐朽面质地越硬、颜色越深者越佳。

5. 新头

新头指断口经风雨侵蚀的时间较短、断口处的木纤维尚未腐朽或未完全腐朽脱落，颜色很浅或呈黄白色且质地松软的板头或包头。

6. 铲料

铲料指沉香木坯勾剔出沉香成品时，在离沉香油脂层较远的部位，用特制的锋利小铁铲铲下来的白木部分。

7. 勾料

勾料也是沉香木坯勾剔出沉香成品时，在紧贴沉香油脂层的部位，用特制的锋利小铁勾刀，勾剔下来的白木部分。勾料可作药用或“沉香药浴”材料，此外还可泡茶用。

8. 虫洞

虫洞即“虫漏”“虫眼”，指白木香树因受虫蛀，分泌油脂包裹住受虫蛀的部位而结成的沉香。结香油为黑色者最为珍贵，是海南沉香中的珍品。

9. 根油碎粒香

根油碎粒香即“土沉”“地

---

*编者注：《檀香 210》《中华人民共和国轻工行业标准 QB/T4249—2011》《丁香》《中华人民共和国国家标准 GB/T22300—2008/ISO2254：2004》

下革”，是指枯死的白木香埋于地下所形成的沉香，多为树头、树根，磨碎取粒状物质为碎粒香，一般颜色较浅。

10. 吊口

吊口指白木香树身被砍伤之后结出的沉香。

11. 山水风景料

山水风景料指造型独特，像山水、树林的风景画且木块较为大块的沉香白木。

12. 油碎粒香

油碎粒香是从烂木香树根中部磨碎后取出油质粒状之沉香，大多色黄淡、可入药，是香药中的珍贵沉香品种。

13. 夹生香

夹生香是指沉香成品中夹杂有新生的白色木质部分，除去白木则成为沉水香。

14. 角沉

角沉指白木香树的树枝受风吹断落，断口经风雨侵蚀，分泌油脂而形成的呈角形老头。

15. 鼠耳状

鼠耳状亦称“老鼠耳”“壳沉”，黑油色的沉香，是香药和薰香用的珍品。

16. 锯夹

锯夹指白木香树上有锯痕并在锯痕周边分泌出油脂而形成的沉香。

17. 枯木沉

枯木沉俗称“死鸡仔”，指枯死的白木香树中，含油脂的部分经长时间沉积发酵后，颜色变浅，呈灰色或浅灰色的沉香。

18. 木坯

木坯指从白木香树上砍伐下来的，尚未去除白木部分但已结出沉香的白木香木材。

19. 皮油

皮油指白木香树皮下层分泌出油脂，形成较薄的一层沉香，多呈竹壳状。

香道器物

20. 人工虫洞

人工用科学方法在白木香树上钻孔，可形成人工虫洞，但结成的沉香香味不佳，比天然虫洞香质逊色。

21. 水格

水格指枯死的白木香树经雨水侵蚀或浸泡，其油脂沉淀而形成的沉香，或因为特种白木香树结成的沉香（待考证），一般呈均匀的淡黄色、土黄色或黄褐色，油线不明显或没有油线，闻之有较其他国产沉香香气更浓郁的沉香气。木质越硬、香味越浓、颜色越鲜者越佳。

22. 蚁蜜

树木经人工砍伐置地后，经白蚁蛀食，剩余部位称为“蚁蜜”，也称“土奇南”。产于海南诸山，凡香木之枝断露于外，木立死而技存，气性皆温，故为大蚁所穴。大蚁所食石蜜遗其中，岁久渐浸。木受石蜜气多，凝而坚润，则奇“南”即成，又名“蚁漏”。其香木未死，密气未老者，谓之生结且为上品。木死本存，蜜气膏于枯根，润若饧片者，为糖结次等。

23. 伤

雨季的雷击、动物的攀爬，甚至部分自然死亡的，对香木的损伤都是沉香术语中所指的“伤”。

24. 结香

结香指香材生成，并不是所有的香树都可以结香，也不是受到外力之后在一定的时间内都会结香。

25. 醇化

醇化原理基本同普洱，是内在因素和外在条件的协同作用带来的结果。内在因素是茶叶内的化学成分的聚合、分解等化学过程和微生物的酶化过程；外在条件指湿度、温度、空气、光线和时间等因素。

第五章

香道与茶香

“品茶最是清事，若无好香佳炉，遂乏一段幽越；焚香雅有逸韵，若无名茶浮碗，终少一番胜缘。故茶、香两相为用，缺一不可。飨清福者能有几人”。明朝徐惟起的《茗谭》中谈到了品茶与焚香的相得益彰。的确，自古以来茶、香不可两分，茶、香如影随形。或者说香道中有独特的茶香，而茶香中也蕴涵着香道。

焚香幽居［清］黄鼎

第一节　古书茶香

在中国传统经典诗词、古籍中，不乏关于茶香的记载。

中国最早的茶诗是西晋文学家左思的《娇女诗》。全诗280言，56句，陆羽《茶经》选摘了其中12句。这首诗大致讲的是娇女盼望早点煮好茶水以解渴。诗人词句简洁、清新，不落俗套，为茶诗开了一个好头，但关于茶香的描述却不多。

最早的咏名茶诗是李白的《答族侄僧中孚赠玉泉仙人掌茶》。全诗以形象化的语言、浪漫主义的手法、夸张的笔触，写出了仙人掌茶的产地、环境、外形、品质等。“根柯洒芳津，采服润肌骨”更是描绘出仙人掌茶的芬芳和功效。

唐代皎然是著名“诗僧”，也是茶道高手。他在《九日与陆处士羽饮茶》写道：“九日山僧院，东篱菊也黄。俗人多泛酒，谁解助茶香。”识茶香的皎然独得品茶三味，茶香之趣跃然纸上。他的《饮茶歌诮崔石使君》诗云：“越人遗我剡溪茗，采得全芽爨金鼎。素瓷雪色飘沫香，何似诸仙琼蕊浆。一饮涤昏寐，情思爽朗满天地；再饮清我神，忽如飞雨洒轻尘；三饮便得道，何须苦心破烦恼。此物清高世莫知，世人饮酒多自欺。愁看毕卓瓮间夜，笑向陶潜篱下时。崔侯啜之意不已，狂歌一曲惊人耳。孰知茶道全尔真，唯有丹丘得如此。”此诗为皎然同友人品茶即兴之作，诗中盛赞剡溪茶清郁隽永的茶香，与卢仝《饮茶歌》

有异曲同工之妙。

唐朝关于茶香的诗歌还有很多。白居易的《琴茶》："兀兀寄形群动内，陶陶任性一生间。自抛官后春多梦，不读书来老更闲。琴里知闻唯渌水，茶中故旧是蒙山。穷通行止常相伴，谁道吾今无往还？"另外一首《即事》："见月连宵坐，闻风尽日眠。室香罗药气，笼暖焙茶烟。鹤啄新晴地，鸡栖薄暮天。自看淘酒米，倚杖小池前。"将香道与茶香描写得别有情趣。

刘禹锡亦有许多写茶诗篇，从尝茶、煎茶，再到与友人喝茶助兴，同样是诗人情怀。如《尝茶》："生拍芳丛鹰嘴芽，老郎封寄谪仙家。今宵更有湘江月，照出霏霏满碗花。""诗佛"王维在《酬黎居士淅川作》："侬家真个去，公定随侬否。著处是莲花，无心变杨柳。松龛藏药裹，石唇安茶臼。气味当共知，哪能不携手。"平淡之语，亦将茶香诗意推向禅意。皮日休则有《茶中杂咏·煮茶》："香泉一合乳，煎作连珠沸。时看蟹目溅，乍见鱼鳞起。声疑松带雨，饽恐烟生翠。倘把沥中山，必无千日醉。"

顾况在《焙茶坞》中，更是将新茶的香气描写得蓬勃欲出："新茶已上焙，旧架忧生醭。旋旋续新烟，呼儿劈寒木。"曹邺的《故人寄茶》："剑外九华英，缄题下玉京。开时微月上，碾处乱泉声。半夜招僧至，孤吟对月烹。碧沉霞脚碎，香泛乳花轻。六腑睡神去，数朝诗思清。月余不敢费，留伴肘书行。"

灵一的《与元居士青山潭饮茶》："野泉烟火白云间，坐饮香茶爱此山。岩下维舟不忍去，青溪流水暮潺潺。"吕岩《大云寺茶诗》则是赞叹大云寺水好、茶好、茶香："玉蕊一枪称绝品，僧家造法极功夫。兔毛瓯浅香云白，虾眼汤翻细浪俱。断送睡魔离几席，增添清气入肌肤。幽丛自落溪岩外，不肯移根入上都。"郑愚的《茶诗》："嫩芽香且灵，吾谓草中英。夜臼和烟捣，寒炉对雪烹。唯忧碧粉散，尝见绿花生。"

甚至有诗人用五言排律来咏茶、说茶香。如齐已的《咏茶十二韵》："百草让为灵，功先百草成。甘传天下口，贵占火前名。出处春无雁，收时谷有莺。封题从泽国，贡献入秦京。嗅觉精新极，尝知骨自轻。研通天柱响，摘绕蜀山明。赋客秋吟起，禅师昼卧惊。角开香满室，炉动绿凝铛。晚忆凉泉对，闲思异果平。松黄斡旋泛，云母滑随倾。颇贵高人寄，尤宜别柜盛。曾寻修事法，妙尽陆先生。"

汝窑盖碗组合

在中国众多诗人中，陆游的咏茶诗写得最多，达300余首。写得最长的当数大诗人苏东坡的《寄周安儒茶》，五言，120句，600字。诗中赞叹茶香："灵品独标奇，迥超凡草木。香浓夺兰露，色软欺秋菊。清风击两腋，去欲凌鸿鹄。乳瓯十分满，人世真局促。意爽飘欲仙，头轻快如沐。”将喝茶的境界提升到了一个极致，茶香的作用在诗中可谓感人肺腑。

在古代茶书典籍中，也可找到许多关于茶香的直接记载。如宋徽宗赵佶《大观茶论》中讲到茶香：“茶有真香，非龙麝可拟。需蒸及熟而压之，及千而研，研细而造，则和美具足。入盏则馨香四达。秋爽洒然。或蒸气如桃人夹杂，则其气酸烈而恶。”张原的《茶录》：“茶有真香，有兰香，有清香，有纯香。表里如一纯香，不生不熟曰清香，火候均停曰兰香，雨前神具曰真香。更有含香、漏香、浮香、问香，此皆不正之气。”直接把茶香分为兰香、清香和纯香，以及含香、漏香、浮香和问香这几种“不正之气”。

宋代蔡襄在《茶录》直言：“茶有真香。而入贡者微以龙脑和膏，欲助其香。建安民间皆不入香，恐夺其真。若烹点之际，又杂珍果香草，其夺益甚。正当不用。”

明代黄龙德的《茶说》的“四之香”中谈道：“茶有真香，无容矫揉。炒造时草气既去，香气方全，在炒造得法耳。烹点之时，所谓坐久不知香在室，开窗时有蝶飞来。如是光景，此茶之真香也。少加造作，便失本真。遐想龙团金饼，虽极靡丽，安有如是清美。”

总之，古代诗词关于茶香的生动描写与文人爱茶、赏茶之风密不可分。一些茶书典籍也有很多关于茶香比较系统、专业的介绍，提供了关于茶与香道之关系的宝贵记录。

第二节　茶香类型

香气是茶叶最重要的品质之一，是决定茶品质的重要因素。凡是品茶，先品的自然是香气，无论茶是苦是甜，是红茶绿茶，最先飘散的是香气，闻香沁入脉腑。茶香的类型有很多，总体说来，根据茶香香气特征可以分为鲜爽型清香、鲜爽型花香、柔和花香、甜醇浓厚的花香、果味香、木质气味、重清苦气味、焦糖香及烘炒香、陈味、沉香、青草气和粗青气等类型。本节主要分析介绍绿茶、红茶、乌龙茶和黑茶等茶的茶香类型、特征和主要构成成分。

听阮图［宋］李嵩（绢本设色画，纵 177.5 厘米，横 104.5 厘米，台北故宫博物院收藏）

一、绿茶茶香类型

绿茶是以茶树新叶为原料，经杀青、揉捻、干燥等典型工艺精制而成，其制成品的色泽及冲泡后的茶汤保存了较多鲜茶叶的绿色主调。绿茶主要品种有洞庭碧螺春、西湖龙井、庐山云雾茶、黄山毛峰、峨眉山竹叶青、峨眉雪芽等。一般认为绿茶的主要香型有嫩香、清香、毫香、板栗香、火香、花香等香气类型。

嫩香型茶香指柔和、新鲜幽雅的毫茶香，多见于采制精细的名优绿茶。鲜叶嫩度为一芽二叶初展且制茶及时合理的茶多为嫩香型茶，如部分毛尖、毛峰茶。

清香型茶香是绿茶的典型香气，指多毫的烘青型嫩茶特有的香气。鲜叶嫩度为一芽二三叶，制茶及时正常，该香型包括清香、清高、清正、清鲜等。如“黄山毛峰”，茶香清香高雅。

毫香型茶香如白毫的鲜叶，嫩度在一芽一叶以上，正常制茶过程，干茶白毫显露。冲泡时，这种茶叶所散发出的香气叫毫香。如部分毛尖、毛峰茶。

板栗香型茶香鲜叶较嫩，制茶合理，茶叶散发出板栗的香气，似熟板栗的那种甜香，多见于高档绿茶，如产于安徽的高档“屯绿”就具有板栗香高的特点。

火香型茶香鲜叶较老，含梗较多，制造中干燥火温高、充足导致糖类焦糖化。该香型包括米糕香、高火香、老火香、锅巴香等。

花香型茶香是具有乌龙茶香气特征的新香型绿茶。

香气有纯度、高低、长短的区别，以香气淡薄、低沉、粗老为差，有异味则为劣质茶。香气浓度高、纯度好和持久性佳者，香高持久为最佳。绿茶香气高锐或香气幽雅不俗，持久悦鼻者品质特征则佳。有的绿茶成茶色泽翠绿，外观漂亮，往往茶香有青草气，这是杀青不足，在干燥时火候不够之故。与青草气相反的是老火香或火功香，表现为茶叶香气中稍带焦糖香，常见于干燥过度、温度过高而使茶叶中部分碳水化合物转化产生焦糖香气的绿茶。

绿茶香气的主体成分是芳香物质，其含量虽少，但构成香气成分的种类较多。有的是鲜叶原有，有的则于制茶过程中形成。低沸点的芳香物质在杀青过程中大部分挥发了，剩下的都是高沸点的芳香物质，含量虽少，但使得绿茶具有了良好的香气。杀青工序破坏了酶的活性，抑制了酶类的氧化作用，绿茶芳香油中醇类含量增加，制成绿茶后，芳樟醇的含量增加。在烘炒过程中，糖类受热焦糖化，也散发不同香气，如板栗香、甜香等。

根据干燥和杀青方法的不同，一般又可将绿茶分为炒青、烘青、晒青和蒸青等。由于不同的加工工艺，各种香气特征差异也较大：炒青茶因杀青时间长，内部焦糖香物质含量较高，通常具有粟香或清新的香气；蒸青茶因蒸青时间短，鲜爽型的芳樟醇及其氧化物等低沸点香气成分含量较高，青草香较明显。炒青茶中有揉捻工艺的名茶常呈清香型，未揉捻的名茶常呈花香型；揉捻的名茶多数香气成分低于未揉捻的名茶。杀青和干燥是炒青绿茶香气形成的关键阶段。适度摊放能增强茶叶中主要香气的游离。不同的干燥方式对茶叶的香型有明显影响。

二、红茶茶香类型

红茶属于全发酵茶类，是以茶树的芽叶为原料，经过萎凋、揉捻（切）、发酵、干燥等典型工艺精制而成，因其干茶色泽和冲泡的茶汤以红色为主调，故名红茶。红茶种类较多，产地也较广，著名的有祁红、滇红、宁红等。祁门红茶与印度大吉岭红茶、斯里兰卡乌伐红茶齐名，并称为世界三大高香名茶。

红茶根据加工工艺的不同，可分为工夫红茶、红碎茶和小种红茶三大类。茶香类型普遍具有典型的花果香、甜花香、松烟香等。一般来说红茶的主要香气成分包括香叶醇、香叶酸、芳樟醇及其氧化物、沉香醇以及茉莉内酯、乙醇、苯甲醇、水杨酸甲醇等成分，而内部成分的不一，也直接造成各种红茶的香气不一。

红茶的香气成分较复杂，它们的香气特征主要由鲜叶中的香气成分前身形成。我国红茶香气成分中最显著的差异是橙花醇、芳樟醇及其氧化物含量的不同。祁门红茶、福建红茶中橙花醇含量远高于其他红茶，而云南、广东和广东红茶香的芳樟醇及其氧化物的总含量是要高于祁门红茶和福建红茶的。祁红、福建红茶具有我国红茶典型的香气特征，表现出高含量的牻牛儿醇，可作为其香气成分的特征。

祁门红茶以蔷薇花香和浓厚的木香为特征，香气浓郁高长，似蜜糖香，滋味醇厚。祁门红茶，香气清香持久，似果香又似兰花香，有点像绿茶中的碧螺春，茶香中有花果香，国际茶市上把这种香气专门叫作“祁门香”。滇红内质香气高鲜，滋味浓厚鲜爽，刺激性强。小种红茶香气高长，带有松烟香，冲泡后汤色滋味醇厚，有桂圆香。连州特级红茶属于鲜爽型、柔和花香型，具有香高鲜爽的特点。斯里兰卡的乌伐红茶以清爽的铃兰花香和甜润浓厚的茉莉花香为特征。

红茶香气与生长环境及加工技术也息息相关。一般来说，越是优越的自然生态环境，香气物质就越丰富。采摘、萎凋、揉捻、干燥等加工环节都会影响到茶香成分的组合。

三、乌龙茶香茶类型

乌龙茶，亦称青茶。属半发酵茶，是中国特有的茶类，具有鲜明特色。经过杀青、萎凋、摇青、半发酵、烘焙等工序制作而成。主要有闽北乌龙（武夷岩茶、水仙、大红袍、肉桂等）、闽南乌龙（铁观音、奇兰、水仙、黄金桂等）、广东乌龙（凤凰单枞、凤凰水仙、岭头单枞等）、台湾乌龙（冻顶乌龙、包种、乌龙等）等品种。

乌龙茶有很多香型，包括木香、果香、嫩叶的清爽型香气、铃兰的清爽性花香、蔷薇的温暖性花香、茉莉甜浓性花香等。其中以花香突出为其特点，又以清高馥郁而有特殊的花香或花蜜香为上品。茶种不同，香型也不一样，而且各香型茶皆有较为突出的芳香物质成分。

细腻花果香型是乌龙茶茶中品质最好的一类。其品质的最大特点是具有类似水蜜桃或兰花的香气，滋味情爽润滑、细腻优雅，汤色橙黄明亮，叶底主体色泽绿亮，呈绿叶红边，发酵程度较轻。干茶外形重实，色泽深绿油润，大多用春茶制作。如广东潮安凤凰单枞，福建安溪铁观音、武夷肉桂，台湾冻顶乌龙等，均带有浓郁而细腻的花果香味。

花果香型与细腻花果香型相比，香味类型相同，显水蜜桃香，滋味清爽，但入口后缺乏鲜爽润滑的细腻感，在青茶中属于二类产品，经济价值也较高。其大多产于秋茶季节，制作条件与一类的相同，产量约占乌龙茶总产量的 23%。

老火香型是因阴雨天采摘雨水叶或晒青、晾青的气候条件不适应正常制茶要求，加工时只好延长摊青时间，或采用萎凋槽加温萎凋，所以在摇青中形成不了

红茶茶香

“果香型”香味。老火香型的青茶，干茶色泽暗褐显枯，汤色黄深，叶底暗绿，无光泽。这类产品，由于鲜叶不十分粗老，香味上显老火香味，而无粗老气味。

老火粗味型青茶，在青茶中是品质最次的一类，它的制作方法与第三类相同，但原料更粗老，大多是夏茶中的低档鲜叶，因而既有老火香味，又带有粗老气味。如果按常规方法烘干，不烤出老火味，就相当于绿茶三角片的滋味，不易被消费者所接受。

乌龙茶中大量的香气成分是茉莉花香类的化合物和橙花叔醇，它们呈茉莉或栀子花香。一般来说，其含有100多种香气物质茉莉酮酸甲酯、芳樟醇及其氧化物、苯甲醇、苯乙醇、茉莉酮、茉莉内醋、橙花叔醇、香叶醇等高沸点化合物为其主要芳香物质。

福建生产的铁观音、水仙、色种与台湾文山、北埔生产的乌龙茶之间的香气组成有明显的差别，前者属于轻度的半发酵茶，其香气的主要成分为橙花叔醇、茉莉内酯和吲哚；后者属于发酵较强的半发酵茶，这种茶中的萜烯醇、水杨酸甲酯、苯甲醇、一苯乙醇等香气成分的含量较轻度发酵茶的高。乌龙茶大致可分为发酵较轻的台湾包种茶，发酵程度中等的铁观音，发酵较重的武夷岩茶和发酵程度最重的台湾红乌龙4种，香气各自不同。一般发酵较轻的包种茶和铁观音含茉莉花香类的化合物和橙花叔醇较多，呈栀子花香，而发酵较重的红乌龙茶含芳樟醇系的化合物含最较多，呈现近似红茶的香气。

四、黑茶茶香类型

黑茶属全发酵茶，成品茶的外观呈黑色，故名黑茶。六大茶类之一。主产区为四川、云南、湖北、湖南等地。黑茶采用的原料较粗老，是压制紧压茶的主要原料。制茶过程一般包括杀青、揉捻、渥堆和干燥4道工序。黑茶按地域分布，主要分类为湖南黑茶，四川黑茶，云南黑茶（普洱茶）及湖北黑茶。

一般认为，黑茶茶香包括陈香、松烟香、馊酸气、霉气、烟气和菌花气。陈香是黑茶的典型香味，而馊酸气、霉气和烟气是黑茶的劣变茶香气。

陈香，一般是说香有陈气，无霉气。保存时间越久的老茶，茶香味越浓厚，陈茶有陈香，陈香是一般黑茶的标志性香气。

松烟香，指松柴熏焙的气味。湖南黑茶、六堡茶有此香气。

馊酸气，是渥堆过度的气味。

霉气，除金花外，指其他有白霉、黑霉、青霉等杂霉的茶砖。有霉气是劣变茶气味。

烟气，是一般黑茶的劣变气味，而方包茶略带些烟味尚属正常。

菌花香指茯砖茶金花茂盛的砖具有的香气。

中国的黑茶属微生物发酵的渥堆紧压茶，内部的萜烯醇类和发酵降解产物构成了它们的香气基础。这些萜烯醉主要是芳樟醇及其氧化物、一萜品烯、橙花叔醇等，而发酵降解产物为脂肪醛类、脂肪醇类和酚醚等化合物。

与渥堆茶相应，日本也有一种腌渍茶，如暮石茶和阿波晚茶，这两种茶都有典型的腌渍香气。它们的香气成分为顺式–3–己烯醇、芳樟醇及其氧化物、水杨酸甲酯、苯甲醇、乙酸–4–乙基苯酚，其香气组成与发酵茶大致相似。

普洱生茶汤色黄，香气纯正，滋味浓厚，叶底黄，品质多接近绿毛茶。安化黑茶汤色以橙色调为主，多为橙黄、橙棕、橙红，香气纯正、滋味醇和，叶底黑褐或黄褐。广西六堡、四川黑茶、云南熟普汤色以红浓为主，香气多为纯正或醇陈，叶底棕褐。青砖茶原料较老，色泽黑褐，汤色橙黄或棕红，香气有粗青气，滋味平淡带酸，叶底黑褐花杂。湖南黑茶香气初泡时醇香带陈，刚性较弱，中期陈醇兼而有之，后期陈香突出，醇香消失。

在具体品茶香类型时，应该明白茶叶香气的变化很复杂，茶中呈香物质很不稳定，茶叶香气是一种综合的即时呈现。这样才能较为客观地品评茶香类型。

第三节　名茶香气

不同种类的茶叶，香型是不一样的。同一种茶叶，由于生长环境、水分、加工方式等不同，内部芳香物质不尽相同，因而香型也会有所差异。这一节，将探讨西湖龙井、洞庭碧螺春、安溪铁观音和黄山毛峰，以及普洱茶的香气类型与特点等。

青花瓷盖碗组合

一、西湖龙井茶香气

西湖龙井，产于浙江省杭州市西湖周围的群山之中。龙井茶向来以“狮（峰）、龙（井）、云（栖）、虎（跑）、梅（家坞）”排列品第，其中以西湖龙井茶为最上乘。

龙井茶外形挺直削尖、扁平俊秀、光滑匀齐、色泽绿中显黄。冲泡后，香气清高持久，香馥若兰；汤色杏绿，清澈明亮，叶底嫩绿，匀齐成朵，芽芽直立，栩栩如生。西湖龙井的评价最多的有“色翠、香郁、味醇、形美”的四绝赞语。龙井茶的香气，素来有“甘香如兰，幽而不冽”之说。

一般认为，西湖龙井茶香气有焦糖香、板栗香和兰花香，而焦糖香被认为是龙井茶所独有的一种茶香，也就是“带火气的甜香”。不同的地区，不同的品种；不同的鲜叶成熟度；不同的加工方法，茶叶香气都不一样。龙井的香气特征和品种、加工技术、茶鲜叶嫩度、采摘时间、摊放程度等有关。

在同一个产地的同一个品种，在不同的鲜叶成熟期所制成的茶叶其香气差异也是很大的，不但表现在浓度和持久性上，有时连香型都天差地别。茶学教科书上有关于西湖龙井采摘标准的限定，就是这个原因。

按照西湖龙井茶品级来细分，可分为特级、一级、二级、三级、四级、五级和六级龙井茶，每一级品质和茶香都不尽相同。一般特级龙井茶香气鲜嫩馥郁持久；一级龙井茶香气为嫩香；二级龙井茶香气为清香；三级龙井茶香气醇；四级龙井茶也是香气醇，但略三级；五级龙井茶香气平和；六级龙井茶香气稍粗。西湖龙井茶茶香内部有很大不同，不同区域龙井茶香也有所区别。

二、黄山毛峰茶香气

黄山毛峰主产于安徽黄山桃花峰的云谷寺、松谷庵、吊桥阉、慈光阁及半寺周围。该地区山高林密，日照短，云雾多，自然条件十分优厚，茶树得云雾之滋润，无寒暑之侵袭，蕴高成良好的品质。黄山毛峰采制十分精细。制成的毛峰茶外形细扁微曲，状如雀舌，香如白兰，味醇回甘。黄山毛峰入杯冲泡雾气结顶，汤色清碧微黄，叶底黄绿有活力，滋味醇甘，香气如兰。

一般认为，黄山毛峰可分为兰花型、云雾型、浓香型和陈年型茶香类型。

兰花型黄山毛峰具有“鲜、香、韵、锐”的特征。这种茶香类型香气高强，浓馥持久，花香鲜爽，醇正回甘，观音韵足，茶汤金黄绿色，清澈明亮。

云雾型黄山毛峰是经过精挑细

选、传统工艺精制拼配而成。茶叶发酵充足，传统正味，具有“浓、韵、润、特”口味，香味高，回甘好，韵味足。

浓香型黄山毛峰则采用百年独特的烘焙方法，温火慢烘，湿风快速冷却，产品“醇、厚、甘、润”，汤色呈深金黄色或橙黄色，滋味特别醇厚甘滑。

陈年型黄山毛峰具有“醇、滑、清、爽”的特点，色泽乌黑，陈香清幽，汤色橙黄或橙红，味道醇和滑口，喉底甘润，爽口去腻，茶性温和。

三、洞庭碧螺春

洞庭碧螺春主产于江苏省苏州市太湖洞庭山。以形美、色艳、香浓、味醇“四绝”闻名于世。洞庭碧螺春芽叶细嫩，外形条索纤细，卷曲成螺，茸毫毕露，内质汤色鲜艳，香气鲜浓，滋味鲜醇，叶底嫩绿明亮，有“一嫩三鲜”之称。

洞庭碧螺春的香气感官品质非常独特，但是在贮存时容易劣变。与一般绿茶以及其他名茶明显不同的是，碧螺春的已醛和壬醛含量非常高，而在绿茶中的含量则比较少。已醛使茶叶有清爽的青草香气，壬醛天然存在于玫瑰油、柑橘油、白柠檬油以及香紫苏油等精油里，稀释时呈现出玫瑰和柑橘样的香气。碧螺春这两种化合物的含量较高，与原料的品种特征、采摘叶片细嫩和特殊的手工加工工艺有密切的关系。这两种化合物的沸点略低于其他的主要香气化合物，在贮存过程中比较容易流失，是新鲜的洞庭碧螺春的重要香气成分。

碧螺春茶叶中还含有一定量的有烘烤型香味的吡嗪类化合物，使碧螺春具有鲜爽的香气。在清香扑鼻的茶香中透着浓郁花香，似兰似梅，使人迷恋和陶醉。

西山碧螺春香气浓烈，清香中带花果香，因其主要生长在果园中，和西山的特有水土有关。其他碧螺春香气不足，没有清香和果香，外地碧螺春有渥土气和青叶气。

四、安溪铁观音

铁观音产于闽南安溪，属于乌龙茶。铁观音独具“观音韵”，清香雅韵，“七泡余香溪月露，满心喜乐岭云涛”。精品铁观音茶汤香味鲜溢，启盖端杯轻闻，其独特香气即刻芬芳扑鼻，且馥郁持久，令人心醉神怡。安溪铁观音所含的香气成分种类，最为丰富，有“七泡有余香”之誉。按 GB19598-2004 铁观音国家标准，铁观音分成两大类，一类是“清香型”，一类是“浓香型”。

清香型以保留香气为主，又包括韵香型、鲜香型、酸香型3种。

迎鹤图［清］顾见龙

外形色泽翠、绿、润，香气高，滋味鲜爽，汤色偏绿清澈。铁观音毛茶经拣梗、筛末、除杂、拼配等精制工序制作而成的产品叫作清香型铁观音，也俗称“青茶”。韵香型铁观音介于清香与浓香之间，有清香型之明媚润泽，又不失浓香型之醇厚悠远，茶叶发酵充足，传统正味，具有“浓、韵、润、特”之口味，香味高，回甘好，韵味足，其汤色澄明清亮，黄中有绿。鲜香型是属于流行性的轻发酵茶叶，强调的是茶叶的鲜味、鲜度。酸香型其成茶色泽墨绿，香气张扬，较纯正有音韵，带酸甜味，汤色或呈深金黄色。

浓香型铁观音，也叫“碳香型”。干茶颜色上暗黄，茶汤口感浓，香气为焦糖香、果香等，类似岩茶的口感。初制时按传统半发酵做青，精制加工时按等级火温烘焙。外形色泽经过高温作用，叶绿素破坏，颜色随着温度的高低变得乌黑、黄绿或微红，色泽变暗。由于水分被完全去除，条索稍轻。香气清纯，醣灶物质的分解和焦糖化使茶叶带焦糖香、炒米香等特别香气，口感醇厚且甜味感强，并稍带苦涩，回甘强。铁观音毛茶经拣梗、拼配、除杂、烘焙、筛末等精制工序制作而成的产品叫作浓香型铁观音，也俗称“熟茶”。而陈香型铁观音也是属于浓香型铁观音的范畴。陈香型铁观音一般是由10年以上年限的陈年铁观音精制而成，口感和韵香型浓香型又有所不同，更注重“陈”之味道。

五、普洱茶香气

普洱茶主产于云南西双版纳等地，因自古以来即在普洱集散，因而得名。普洱茶是采用绿茶或黑茶经蒸压而成的各种云南紧压茶的总称，包括沱茶、饼茶、方茶、紧茶等。普洱茶的品质优良表现在它的香气滋润，滋味醇厚。对于普洱茶香型，一般认为有以下几种：

①樟香：云南各地有高大的樟树林，最适合普洱茶的种植生长。更可贵的是普洱茶树的根与樟树根在地底下交错生长，使茶

叶有了樟树香气。同时樟树枝叶也会散发樟香，茶树更直接地吸收了樟香气，贮存于叶片中。

②荷香：有荷香的普洱茶原料均为幼嫩茶菁。采摘云南大叶种茶叶幼嫩的芽茶，制成时散发着强烈的青叶香，经过适度的陈化后发酵。好的幼嫩芽茶去掉浓烈的青叶香，会留下淡淡的荷香，荷香属于飘汤茶香。荷香普洱茶，打开包装之后就能闻到荷香轻飘。冲泡时，茶汤中也能品味到这种香气。

③兰香：指用次嫩的三级、四级或五级普洱茶菁制成的散茶、圆茶。新鲜的普洱茶菁的青叶香，经过长期陈化后，由青叶香而转为青香，是能泡出兰花的香气。另外，高等级的古树大白茶天生就有明显的兰香。

④枣香：只有生长在植被非常茂盛、经常云雾缭绕而且有野生枣树的环境中的茶树才能产生这种香气。由于经常有落叶，久而久之形成了天然肥料，茶树根系吸收了这些肥料，加上茶叶吸收雾气，于是形成特殊的枣香气。经过发酵的普洱熟茶，在后期的陈放转化中也会逐渐形成枣香味，是比较普遍的一种香型。

⑤蜜香：一般来说，西双版纳部分茶区有大叶种老树乔木、古树乔木，因而该地区茶叶普遍都有这属香型。特别是存放一至二年，这种蜜香味会更加明显。当然，百年古树茶有明显的空杯留香，这种香型也是可遇不可求的。

总的来说，普洱茶的各种香气跟生长环境、茶树品种、原料等级、毛茶加工、拼配、发酵程度、存放时间等因素密切相关。生长环境和茶树品种是先天的，它们形成了鲜叶中的各种内含物质的香气成分。另外，鲜叶的老嫩程度也造成了其内含成分的各种差异。茶鲜叶中本来的香气物质种类就很多，一点点差异都会对后期的品质造成很大的影响，这也是茶叶之所以高深的根本原因。而后期的各种加工生产存放等因素使这些内含物质之间发生了各种转化，因为这些条件的不同，转化成的物质也不完全相同。所以，每一种茶可能有一些基本相似的地方，但是在细微处则又有各自的特色。

第四节　茶香术语

根据国家标准GB/T14487—2008《茶叶感官审评术语》，本节分别对通用茶香术语和不同茶类茶香术语进行介绍。

青花瓷公道杯

一、各类茶香通用术语*

①高香：指茶香高而持久。

②馥郁：香气幽雅，芬芳持久。此术语适用于绿茶、乌龙茶和红茶的香气。

③鲜爽：新鲜爽快。此术语适用于表述绿茶、红茶的香气以及绿茶、红茶和乌龙茶的滋味。也用于高档茉莉花茶，滋味新鲜爽口且味中有浓郁的鲜花香。

---

*编者注：《茶叶感官审评术语》《中华人民共和国国家标准GB/T14487—2008》

④嫩香：嫩茶所特有的愉悦细腻的香气。此术语适用于原料嫩度好的黄茶、绿茶、白茶和红茶的香气。

⑤鲜嫩：新鲜悦鼻的嫩茶香气。此术语适用于绿茶和红茶的香气。

⑥清香：香清爽鲜锐。此术语适用于绿茶和轻度做青乌龙茶的香气。

⑦清高：清香高而持久。此术语也适用于绿茶、黄茶和轻度做青乌龙茶的香气。

⑧清鲜：香清而新鲜、细长持久。此术语也适用于黄茶、绿茶、白茶和轻度做青乌龙茶的香气。

⑨清纯：香清而纯正，持久度不如清鲜。此术语适用于黄茶、绿茶、乌龙茶和白茶的香气。

⑩板栗香：似熟栗子香。此术语适用于绿茶和黄茶的香气。

⑪甜香：香高有甜感。此术语适用于绿茶、黄茶、乌龙茶和条红茶的香气。

⑫毫香：指白毫显露的嫩芽叶所具有的香气。

⑬纯正：指茶香不高不低，纯净正常。

⑭平正：指茶香平淡，无异气杂气。

⑮足火：茶叶干燥过程中温度和时间掌握适当，则会保持该茶良好的香气特征。

⑯焦糖香：因烘干充足或火功高致使香气带有糖香。

⑰闷气：指茶香沉闷不爽。

⑱低：指茶香沉低微，但无粗气。

⑲青气：指茶香沉带有青草或青叶气息。

⑳松烟香：指带有松脂烟香。此术语适用于黄茶、黑茶和小种红茶的香气。

㉑高火：指微带烤黄的锅巴香。茶叶干燥过程中因温度高或时间长而产生。

㉒老火：指茶叶干燥过程中温度过高或时间过长而产生的似烤黄锅巴或焦糖香，火气程度重于高火。

㉓焦气：指火气程度重于老火，有较重的焦糊气。

㉔钝浊：茶香滞钝、混杂

不爽。

㉕粗气：指粗老叶的气息。

㉖陈气：指茶叶陈化的气息。

㉗劣异气：茶叶加工或贮存不当而产生的劣变气息或污染外来物质所产生的气息。如烟、焦、酸、馊、霉或其他杂异气。使用时应指明何种属劣异气。

㉘岩韵：指武夷岩茶具有的岩骨花香的韵味特征。

㉙音韵：指茶香中铁观音特有的香味特征。

㉚浓郁：浓而持久的特殊花果香。

㉛闷火：乌龙茶烘焙后，因未及时摊晾而形成一种令人不快的火气。

㉜猛火：因焙温度过高或过急所产生的不良火气。

㉝山韵：指潮州凤凰单枞特有的韵味称为山韵。

二、绿茶及绿茶胚花茶香气术语

①鲜灵：花香新鲜充足，一嗅即有愉快之感。为高档茉莉花茶的香气。

②鲜浓：香气物质含量丰富、持久，花香浓，但新鲜悦鼻程度不如鲜灵。为中高档茉莉花茶的香气。也用于高档茉莉花茶的滋味鲜洁爽口，富收敛性，味中仍有鲜花香。

③浓：指花香浓郁，持久。

④鲜纯：茶香、花香纯正新鲜，指花香时浓度稍差，为中档茉莉花茶的香气，也适用于中档茉莉花茶的滋味。

⑤幽香：指花香文静、幽雅、柔和持久。

⑥纯：指花香、茶香正常，无其他异杂气。

⑦鲜薄：香气清淡，较稀薄，用于低窨次花茶的香气。

⑧香浮：指花香短促、薄弱、浮于表面，一嗅即逝。

⑨透素：指花香薄弱，茶香突出。

⑩透兰：指茉莉花香中透露白兰花香。

⑪香杂：指花香混杂不清。

⑫欠纯：香气夹有其他的异杂气，称为欠纯。

⑬馥郁：香气芬芳持久，沁人心肺。此术语也适用于乌龙茶和红茶香气。

⑭鲜嫩：指具有新鲜悦鼻的嫩茶香气。此术语也适用于红茶香气。

⑮鲜爽：新鲜爽快。此术语也适用于绿茶滋味、红茶香味和乌龙茶滋味。

⑯清高：清香高而持久。此术语也适用于黄茶和乌龙茶的香气。

⑰清香：清鲜爽快。此术语也适用于乌龙茶的香气。

⑱花香：茶香鲜锐，具有令人愉快的鲜花香气。此术语也适用于乌龙茶和红茶的香气。

⑲板栗香：指茶香似熟栗子香。此术语也适用于黄茶的香气。

⑳甜香：香高且有甜感。此术语也适用于黄茶、乌龙茶和条红茶的香气。

三、黄茶黑茶、紧压茶香气术语

①陈香：香气陈纯，无霉气。

②金花香：茯砖发花正常茂盛所发出的特殊香气。

③青粗气：粗老叶的气息与青叶气息，为粗老晒青毛茶杀青不足所致。

④毛火气：晒青毛茶中带有类似烘炒青绿茶的烘炒香。

⑤酸气：普洱茶渥堆不足或水分过多、摊晾不好而出现的不正常气味。

四、乌龙茶香气术语

①岩韵：武夷岩茶特有的地域风味，俗称“岩骨花香”。

②音韵：铁观音所特有的品种香和滋味的综合体现。

③高山韵：高山茶所特有的香气清高、细腻和滋味丰韵饱满、厚而回甘的综合体现。

④浓郁：指浓而持久的特殊花果香。

⑤花香：似鲜花的自然清香，新鲜悦鼻，多为优质乌龙茶之品种香和闽南乌龙茶做青充足的香气。

⑥花蜜香：花香中带有蜜糖

香味，为广东蜜兰香单枞、岭头单枞之特有品种香。

⑦清长：指清而纯正并持久的香气。

⑧栗香：指经中等火温长时间烘焙而产生的如粟米的香气。

⑨奶香：香气清高细长，似牛奶香，多为成熟度稍嫩的鲜叶加工而形成。

⑩果香：如浓郁的果实熟透般的香气，如香椽香、水蜜桃香、椰香等。常用于闽南乌龙茶的佛手、铁观音、本山等特殊品种茶的香气；也有似干果的香气，如核桃香、桂圆香等。多用于红茶的香气。

⑪酵香：似食品发酵时散发的香气，多由于做青程度稍过度或包揉过程未及时解块散热而产生。

⑫高强：香气高，浓度大，持久。

⑬木香：茶叶粗老或冬茶后期，梗叶木质化，香气中带纤维气味和甜感。

⑭辛香：香高有刺激性，微青辛气味，俗称“线香”，为梅占等品种香。

⑮地域香：特殊地域、土质栽培的茶树，其鲜叶加工后会产生特有的香气，如岩香、高山香等。

⑯失风味：香气滋味失去正常的风味，多由于干燥后茶叶摊凉晾时间太长，茶暴露于空气中或保管时未密封，茶叶吸潮所致。

⑰日晒气：茶胚受阳光照射后，带有日光味，似晒干菜的气味，也称“日腥味”“太阳味”。

⑱虚香：香浮而不持久，多为做青时间太长或做青叶温度太高而产生的香气特征。

⑲粗短气：香短，带粗老气息。

⑳青浊气：气味不清爽，多为雨水青、杀青未杀透或做青不当而产生的青气和浊气。

㉑黄闷气：闷浊气，包揉时由于叶温过高或定型时间过长闷积而产生的不良气味。因烘焙过程火温偏低或摊焙茶叶太厚而引起。

㉒闷火：乌龙茶烘焙后，未适当摊凉而形成一种令人不快的火气。

㉓猛火：烘焙火温偏高、时间偏短、摊晾时间不足即装箱而产生的火气。

㉔馊气：轻度做青时间拖得过久或湿胚堆积时间过长产生的馊酸气。

㉕嫩爽：活泼、爽快的嫩茶香气。

五、白茶香气术语

①嫩爽：活泼、爽快的嫩茶香气。

②失鲜：指白茶极不鲜爽，甚至接近变质。多因白茶水分含量高，贮存过程回潮而产生。乌龙茶也适用

六、红茶香气术语

①鲜甜：鲜爽带甜感。此术语也适用于滋味。

②高锐：香气鲜锐，高而持久。

③甜纯：香气纯而不高，但有甜感。

④麦芽香：干燥得当，带有麦芽糖香。

⑤桂圆干香：似干桂圆的香。

⑥浓顺：松烟香浓而和顺，不呛鼻喉。为品质较高的武夷正山小种红茶香味特征。

七、茶汤香气评估术语及茶汤香气点评

①甜香：香气高而有甜味感，似足火甜香。

②纯正：香气纯净，不高不低，无异杂味。

③清香：清纯柔和，香气欠高，但很优雅。

④幽香：茶香优雅而文气，缓慢而持久。

⑤清高：清香高爽，柔和持久。

⑥花香：香气鲜浓，似鲜花香气。

⑦鲜嫩：具有新鲜悦鼻的嫩香气。

⑧馥郁：香气鲜浓而持久，

具有特殊花果的香味。

⑨青气：带有鲜叶的青草气。

⑩高火：茶叶加温过程中温度高、时间长、干燥度十足所产生的火香。

⑪浊气：茶叶夹有其他气味，有浑浊不清之感。

⑫焦气：干燥度十足，有严重的老火。

⑬闷气：一种令人不愉快的闷熟气。

⑭异气：与茶叶无关的其他气味。

⑮松烟香：茶叶吸收松柴熏焙气味，为黑毛茶和烟小种的传统香气。

七大茶类茶汤香气点评

茶　类	上　品	下　品
白茶	鲜爽、醇厚、清甜	粗涩、淡薄
绿茶	鲜爽、醇厚、回味甘甜或香中有味、味中有香、回味无穷	茶品苦涩、清淡、回味差或有异味
黄茶	茶汤滋味醇和鲜爽，回甘强、收敛性弱	茶汤滋味苦、涩、淡、闷
青茶（乌龙茶）	茶汤醇厚鲜爽	茶汤清淡或带苦涩味
红茶	茶汤滋味醇厚、鲜甜	劣质红茶茶汤味淡薄或带粗涩味
黑茶	总体上应醇而不涩。普洱茶醇浓；茯砖茶、湖南天尖醇厚；六堡茶有槟榔香味；贡尖醇和；黑砖茶醇和微涩	
花茶	以纯正浓醇为好。其滋味与香气有相关性，香气鲜，滋味爽；香气浓，滋味醇；香气纯，滋味细。若香气有异，应认真加以鉴别	

第五节　茶艺用香

中国茶道文化历史悠久，内涵丰富，它是以修行悟道为宗旨的饮茶艺术，是饮茶之道和饮茶修道的统一。茶道包括茶艺、茶礼、茶境、修道四大块。在茶艺过程中焚香、熏香、鉴香都是不可或缺的。

玻璃茶具

前面已经介绍过，茶品有各种不同的香型，如花香、果香、陈香等，还有品茶“香、清、甘、活”的标准等方面。茶道对外部环境的要求也是很严格的，如窗外的景色、光线的强度、房间的气味、室内的装饰（如字画、摆件、器具等）都要考虑到。对于香品，宋代曾有“清、甘、温、烈、媚”五品标准。可见，茶艺与香道在追求方面是相通的。

在茶艺中，一般包括温壶，烫杯，装茶，高冲，盖沫，淋顶，洗茶，洗杯，分杯，低斟，奉茶、闻香、品茗等程序，其中就有“闻香”这一重要步骤。茶艺时焚香原则有5点：一是要配合茶叶。浓香型茶搭配浓香品，幽香茶配以淡香品；二是要配合时空。空间小的地方香要淡，空间大的需浓香；三是需有香具。茶下不可焚香，焚香时香案要高于茶台座；四是采用合适方式。一般可以采取线香、香篆、炭火熏香、电子香炉低温熏香等；五是考虑香品功能。熏香主要以檀香、沉香、合香等香料，沉香通关开窍、香气典雅，檀香理气和胃、解郁止痛。香料之香与茶叶之香完美结合，常使人身心愉悦，用心品味即能达到陶冶性情之目的。

具体的茶艺活动中，一般茶艺用香是在茶事正式开始之前进行，主要有焚香礼拜和茶室品香两种方式。

焚香礼拜是借助佛教上香的礼仪来渲染气氛。焚香时直接用明火点燃线香或盘香。点香之后，香头火焰不可用嘴吹灭，可用手轻轻扇灭。如果茶艺演示的内容需要正式上香，应点三根香，香炉可放置在泡茶台的正中，焚香人应当站立点香。将香头点燃后，两手的中指和食指夹住香杆，大拇指顶着香根，先置于胸前，双目平视，香头平对菩萨像或正前方的虚空，举香齐眉之后双手回到胸前，用左手插香。第一枝香插在香炉中央，心中仍需默念箴言，第二枝插在右边，心中默念箴言，第三枝插在左边，心中依然默念箴言。插好香后，应合掌再默念箴言。若所演示茶艺无焚香礼拜的程序，则只需点燃一枝，用于净化空气，营造气氛。在演示无正式上香程序的茶艺时，香炉摆放的位置应当遵循不碍手、不挡眼的原则，一般放在泡茶台的左前方。

在中国，品茶是雅俗共赏的生活艺术，可大雅亦可大俗。但茶一旦与香结合则是水溶交融，乃极其精致高雅的诗意生活追求。在茶室中焚香品茗与在香堂演示香道有所不同，一般应以茶为主，焚香的仪式则尽可能简化。茶艺演示前的品香也宜简不宜繁，主要包括释名、赏器、点香、追香、迎香、听香、送香、谢香8个程序。

释名，是指由茶艺师向客人

介绍茶席当日所用之香的香名、香方等。“香方”是玩香专家所自制香品的配方。如陈云君先生《双井陈韵》是采用沉香、丁香、郁金香、龙脑香等原料合香而成；《紫气东来》是以降真香、檀香、丁香、乳香、松香、梅花、龙涎香、蜂蜜为原料配制而成。

赏器，主要是请客人欣赏香炉。在众多香具之中，最为常见的当属香炉，不仅是因为香炉品种最繁多、历史最悠久，也是最为纷繁复杂、造型丰富的。而今，各类现代香炉不断涌出，有的仿商周名器，有的仿明代名窑；有铜质，有铁质，有瓷质，有紫砂；有的则是日本、中国台湾地区的品牌产品。琳琅满目，也颇有审美价值。

点香，分隔火熏香和直接焚香两种方式。不同于直接焚香，隔火熏香法是把完全点燃的香碳埋入香灰中，然后放置云母片或金属片，最后再用香匙放置入香粉，并双手把香炉捧放在香炉座上。

追香，指人的嗅觉在感知香味时的状态。当人闻到独特的气

罗汉图［清］金廷标

味时，嗅觉会很快进入全神贯注的兴奋状态，自然而然地试图追根溯源，专一地去捕捉香气的来源及特征，这种状态称为追香。追香的过程也是宁神静气的过程。

迎香，即追寻到香气后进行深呼吸，吸入香气，吐出浊气。吸入天地赐给的生气，涵养自身体内的元气。吸气时要令胸腔尽量扩展，使肺活量达到最大，呼气时要舒缓，把浊气吐尽。如此数次，有益于身体健康。

听香，是指播放与茶会相关主题的音乐，做好茶艺的铺垫工作。“久处芝兰之室而不闻其香”，人的嗅觉是最容易审美疲劳的。在追香、迎香时深呼吸几遍后，即可开始播放音乐，让悠悠烟香伴着轻柔的乐曲在茶室内曼舞，如敦煌的飞天仙女，把人们的心引导入高雅而神奇的境界。

送香，即收拾香器。

谢香，主人向客人行礼，客人还礼后主人捧起香器退场。品香即告一段落。

在品赏特殊的香或香气过于淡雅时，客人可以用手抄法兜取香气闻香，也可以由主人捧起香炉请客人传递闻香。

茶道用香根据季节、场合、茶叶品类的不同，选用不同的香品和焚香方法。一般来说，茶道用香时，烧香以线香为主，鉴香则以香饼、香丸、沉香为主。

首先是季节用香的不同。春季用香种类很多，但以带有兰花、杏花、玉兰、水仙等花香气的香品为佳；鉴香形状可印成迎春花、海棠花、樱花、水仙花等形。夏季用香以带有荷花、茉莉花、玫瑰花香气的香品为佳；鉴香形状可印成荷花、玫瑰花、木槿、百合等形。秋季用香的种类也很多，但以带有桂花、芙蓉花、菊花等香气的香品为佳；鉴香形状可印成芙蓉花、菊花、蜀葵等形。冬季用香以带有梅花香气的香品为佳；鉴香形状可印成梅花、杜鹃、山茶花等形。

其次是不同茶品用香的不同。绿茶类一般以带有兰花、水仙花等清雅香气的香品为佳；乌龙茶类以带有兰花、桂花等清幽香气的香品为佳，单一香品如沉香、檀香也可供选择。红茶类以带有梅花、玫瑰花等浓郁香气的香品为佳，单一香品如龙脑香也可供选择。普洱茶类以沉水香为佳，能助其香。

第三是不同场合用香的不同。茶道雅集一般以立香、鉴香为主；茶道修习一般以立香、鉴香为主；茶艺表演一般以立香为主；待客茶艺一般以鉴香为主。

从具体的茶艺用香实践来看，著名茶艺专家马守仁先生的“冷香斋行香礼法”包括沐手、置炉、备器、鉴香（合香饼）、理灰、燃香（线香）、立香、品香等程序。冷香斋行香体验认为：茶道用香以清雅为上，浓郁次之，不应影响到茶汤的香气和滋味。所以在香气拣选方面，以兰香、杏花香、梅花香、檀香、沉水香等为上；茉莉、玫瑰、桂花、水仙等次之；丁香、瑞香、牡丹等为下而不可用。而茶道修习以鉴香为主，取其幽雅香味而已，可省去焚烧的工序；待客可用线香，也可用鉴香。线香取其幽旷，一炉在室，香气氤氲，可增加茶汤风韵。鉴香取其风雅，使用鉴香时，客人可端起香盒打开鉴赏，从香品的形状、香气的类型予以品评，是件很高雅、很有意义的事情。

香道在茶艺中的运用又可分为香气与烟景两种。烟景一般遵循三个原则：一是香气可以塑造品茗空间的气氛，二是香气不能干扰品茗时的茶味，三是茶叶本身的香气也可以利用。比如芽类茶水温 80℃左右，叶茶类水温 90℃左右，茶香自然发散于茶屋之内，浓度适当后将热源关掉。烟景的成型也有具体成因，如香烟的香材成分不同，次者烟景也不同，烟形偏向横向发展，烟形往上冲；香烟的熏点温度和湿度的不同，烟景也不同。一般温度低，湿度高，烟形的扩散性较慢，凝聚成形的时间较长。香炉的形状的不同，也会导致烟景的不同。

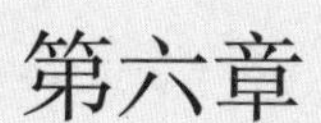

第六章

香道鉴赏

第一节　香道技艺

像茶道文化一样，香道文化也博大精深，历史久远。为了更好地了解和理解香道文化，必须掌握香道的基础知识与基本技艺。

喷枪打火机

根据林瑞萱《香道入门》的介绍，学习香道应该经常练习和不断琢磨的技艺，依照香道程序中的规则，主要包括：点香巾的折法、摊开点香巾的方法、香巾的折法、备火的方法、埋炭团的方法、整理灰型的方法、置香的方法及闻香的方法等。这些香道技艺，可以分为3个方面：一类属于主要方法。在香道中，置香、闻香是重要内容，其他技艺都为此服务，故视其为主要方法。另一类属于准备阶段。如备火、埋炭团、整理灰型的方法。还有一类属于香台整理。如点香巾、香巾的折法、摊开点香巾的方法，这与茶艺中茶巾的折法很相似。香道的每种技艺，都有具体要求。例如：

置香的方法有两个程序：

一是架薄云。右手从香盘中由上拿起薄云盘放在左掌上，右手再从上拿起薄云夹，将夹头搭在盘缘并调整手势，拇指在前，食指在后，余三指靠拢拿好，夹起薄云，放在火窗上，于中间稍压一下，使之固定。将薄云夹在盘上调整成原来手势，由上拿回原位，再以右手将薄云盘拿回原位。

二是置香。右手由上取香盒，左手指端接稳盒身，右手打开盒盖后接着由上取香夹，夹端搭在盒上并调整好姿势，将香夹起，放在薄云上，接着在盒上调整持夹的手势，将香夹放回原位。然后右手将盒子盖上，左手大拇指压扣好香盒，右手由上拿起香盒放回原位。闻香的方法是：右手将香炉从右侧水平端起，放在左掌上，右手将其顺时针方向转两次，使正面朝向对面，香炉的前脚则在食指侧边落下，左手拇指扣在正左侧的炉缘，右手则以握一颗网球的姿势，包在炉的口缘。然后肩膀放松，双臂抬起，拿近鼻前，从右手拇指与食指中间闻香。

香品用法有熏香法、焖香法、制香法，各种方法具体运用不尽相同。下面先介绍焖香法：

（1）准备。

（2）平粉开孔与前述方法相同。

（3）入香香孔打好后（孔要比薰香法之孔大而浅），香炉不动，右手打开香盒（盛香末者），由香具瓶中取出香匙，拇指、食指和中指平拿香匙，无名指与小指紧贴中指，弯曲于下。由香盒中盛香末要稳而少取，由香炉前绕至左侧画圆，慢慢把香末倒入香炉中的香孔里。约放两次，右手置香匙于香炉右侧，左手取打火机交右手，右手打火向香孔内点燃孔中香末。交打火机于左手，右手取香匙，复取香末于盒中，铺在香孔内已燃的香末上，如此三到四次，视香孔中香末已足，且不熄火为止。此道程序很难，因香末既不能少放（少则出香少、时间短），又不能多放（多则熄火）。

（4）视香末量已足且不熄，右手将香匙放回香具瓶中，顺手取出香筅，在香炉已燃香末四周慢慢蒙香灰，直至全部蒙上。燃着的香末在香灰中为核，而香气由香灰中冒出，几乎无烟或少烟，且香气大溢。右手将香筅放回香具瓶中，至此“焖香”功夫已经基本完成。

香品制成后，还有行香后期程序。主要是止观与出静。

①止观：行香师操作完第一炉香时，主客已无语止静，或静观行香师操作，静闻沉香之香气。行香师将第一炉香捧至香几归位，此时香厅中主、客、行香师皆止静，唯“鼻观”香气，渐入佳境。约15分钟后行香师走至香几审视香炉中火候及香品的煎况稍加整理，再归位止静15分钟。除非品香雅集另有专题，否则一般只有第一炉。半小时的品鉴沉香之“鼻观”即可“出静”了。若有第二炉则由行香师助手移第一炉香于别室（不熄），行香师操作第二炉至第二炉香至香大约15分钟，主客犹在止观之中（其中亦可静观行香师操作第二炉“焖香”手法）。

②出静如无品第三炉制香程序（专一品鉴制香另论），在经过了一炉香（半小时）或二炉香（45分钟）的“止观”品香过程后，行香师取过“引磬”（事先备好，只小引磬，由行香师助手持拿，待半小时或45分钟时，助手递与行香师，助手是掌握时间的“报时人”）轻轻敲击二下引导主客“出静”。如第一炉香已另置别室，则应由助手取回后复置于香案之上（因香几上有第二炉香）。此时第一炉的沉香香气犹在，而第二炉的檀香（或制香）香气亦在。在香厅中两炉香的香气相互交汇，相得益彰，主客及行香师都在“香界”中得到喜悦。

当然，香道技艺要具体运用到香道活动中，所以香道从事者必须在其中不断提升自己的基础技艺。

第二节　香篆礼法

香篆是指印香的模子，也称为香印、香刻。“礼法”作礼仪法度之解，《商君书·更法》：“及至禹、汤、盘庚、武丁，各当时而立法，因事而制礼，礼法以时而定，制令各顺其宜。”香篆礼法指香篆的礼仪法度、规则和文化之解，可具体到制作、程序、品香和注意事项等等。

将香灰倒入香炉，用灰押压平

香篆作为焚香的重要礼法之一，自然有着独特的礼仪文化和规定。首先，香篆的制作过程有：

1. 准备香席

将香席需要的香具，如香炉、炉座、香盒、香匙、香篆、点香器、香巾、香灰、整平器放入香盘。

2. 准备香具

清洁香炉，将香篆放置一旁。

3. 放置香灰

取适量香灰铺入香炉中。

4. 平灰

用香匙背面轻轻压匀、抚平香灰。铺底香灰，“压”是关键。压香灰在于使之平整，切不可压得太实，最好在压好的香灰上再铺上一层使用过的香灰，再用香压轻轻地压一遍，不要太实，平整为好，以便香粉在燃烧时有氧气及时供给。

5. 压平

用整平器把香灰压实、压平。

6. 放置香篆

取香篆（凹面朝上）放置在已平整的香灰上。

7. 铺香粉

用香匙取适量香粉均匀填入香篆的香粉槽内。

8. 理香粉

用香匙背面梳理香粉，使之均匀、平整。

9. 打香篆

左手扶住香炉，右手用香铲或香匙沿着香粉槽边缘依次轻轻地敲击，使香粉与香粉槽脱离，慢慢向上垂直提香篆。中间轻轻晃动一下模子，然后将之填满，轻轻向上提起模子。尽量避免印出来的香篆散掉。

10. 点篆香

清扫香篆槽，将剩余香粉扫入香粉盒。取点香器点火，喷出的火应为软火，从起燃点外侧点燃，然后放回点香器。一般在图形或字样的一端点燃香篆，使其自此燃尽。

11. 建香

右手拿起炉身，放在左掌心上，右手逆时针转炉，靠炉座，将香篆正面朝上，盖在香炉上，右手取香炉，放置在炉座上。

这种熏香法可以达到无烟闻香的境界，但是手法很有讲究，对香品以及香灰的要求很高，香灰绝对不能有异味。

其次，香篆制作过程中需要注意以下几个事项：一是尽量把香粉放在密封的瓶或罐内；二是注意密封，在香灰使用后，尽量将其用密封袋密封，隔绝空气，防止受潮。使用香灰前，如发现潮湿，可点燃一块香炭，埋入灰中，使潮气得以烘干；三是要因人制宜地使用香篆模，紧紧把握品香雅集主题。对相对熟悉的客人，可用香匙在铺好的灰上划出图形或字形，直接填香粉熏品；四是制作香篆的香炉或熏炉宜宽大一些。

最后，在香篆品香阶段应注意一些礼法：

①观篆：香篆点燃，一火如豆，忽明忽暗，香篆徐徐变成灰黑，字图易色，饶有情趣，助人静思，顿悟兴盛衰败、高峰底谷之理。

②观烟：香篆乍燃，青烟袅袅，端坐观之：或细烟高直，使人生一帆风顺之感；或徐徐盘桓，如与智者娓娓清淡；或忽高忽低，匍地艰进，使人顿觉生之艰难；忽而奔腾澎湃，如波涛汹涌，似人生青云直上；或时如峭壁之松，波折直起，又使人悟人生之险也。如此种种，任凭心想感悟。

香篆自古就是一门优雅的生活艺术，是古人审美趣味和聪明才智的反映。各式各样的篆形图案，也是古人对生活的美好期待。茶余饭后，斗室之间，邀几位老友，燃一炷香篆，看袅袅篆香，忆人生漫漫，品香篆礼法，话当年故事，何其惬意温馨自在。

第三节 线香礼法

线香礼法，指线香的礼仪法度、规则和文化，同样由制作、程序、品香和注意事项等构成。

用香箸将烧透的炭夹入炭孔

首先，看线香制作的基本过程。

1. 筛粉

一般筛到 150~250 目。

2. 调香泥

一般粘粉占香粉比例的 15%，粘粉比例尽量控制在 15% ~ 20%之间。在调香泥过程中，要将香粉、黏粉充分混合，加水调成面团状，以不粘碟壁为适中；

要用勺反复将香泥从四周往中间叠压，充分调匀，加强香泥密度。

3. 挤线香

将香泥放入针筒中，尽量塞满针筒，加强线香密度；双手在案板上挤出香泥形成线香，从近身端向上挤，边挤边切成所需长度。其中要注意的事项包括：

（1）放香泥入针筒时，尽量塞满、塞紧。

（3）挤线香时，针筒离案板高 10 厘米左右，不要太矮，否则易断。随着线香挤出和手向上移动，线香就会平铺在案板上。

（3）切线香时，可略微长于所需长度，方便整形。

4. 初步理形

步骤包括：

（1）观察线香。有气泡的线香需重做，否则干后易断。

（2）用直尺和小刀将线香切成所需长度。

同时要注意的事项有：如线香有些粘直尺，可稍干后再切除多余部分；不要只切一头，而应切除形状不整齐有气泡的那头；切下部分，重复步骤挤线香与理形步骤，再挤成线香，最后剩的香泥，放在一边备用。

5. 二次理形

一般步骤有：等线香干一两个小时后，用两块一长一短直尺，将线香调整平直。需要注意的事项包括：线香要干到不粘直尺，不粘案板方可进行此步骤；长直尺一定要与案板垂直；短直尺挤压线香要轻，要从右侧和上侧两方向压。

6. 压形阴干

主要方法有：

（1）待线香两头出现变色已干时，重复二次理形，使线香平直。

（2）使线香根根紧贴，用两块边缘平滑的板压住线香排的两侧。

（3）盖上一张纸，阴干线香。

需要注意的事项有：二次理形一定要重复做一次，不然线香排不会紧贴；两边木板不要压得太紧，以线香间无缝隙、平直为佳；要用直尺放在线香排上轻轻按压，使线香不会上翘。

7. 窖藏保存

窖藏最好放于阴暗处，时间

以半月以上为佳。一般方法步骤有：第一步，用封口袋装好线香；第二步，用香筒或香盒保存。操作时，应轻拿轻放。

8. 余料利用

步骤四中不能再挤的香泥，可搓成香丸，空熏使用。

其次，在具体线香品香中，我们品香时要注意一些具体礼法：

（1）品闻线香时，不要用鼻子贴近香去闻。

（2）在线香刚刚点燃时，散发出来的只是烟味，此时不要急着去闻烟味，而是将其插入香座中。

（3）香道品香时，香炉不要跟敬佛那样放得很高，只需要放在与自己头部平行的位置即可。

（4）在线香点燃、插好后，耐心等待一分钟左右。这时候线香的香味就会飘散开来，然后就可以感受香所带来的享受。

（5）在品香时，需要保持环境的空气流通，让线香的香韵自然扩散开来。

品线香时，可能为了图方便而直接使用香插、香托，但是比较正式的话，一般都还是使用香炉或者香筒的，并且还有相应的礼法。线香礼法具体划分，又可划分为炉香礼法、香筒礼法和卧香礼法：

一、炉香礼法

1. 取香

左手执香管管身，右手打开香帽，拈出一炷香。

2. 点香

用点香器火焰的外焰点香，然后双手执香稍用力向上举起，使火熄灭，以示对香的尊重。

3. 插香

双手执香，将线香插入盛有香灰的香炉中。

线香香案上只有一香炉则将之居中，如为三足炉则将其中正面一足向众。行香师立于香案正中面对主客（此时座位已撤向一边）。助手托盘中有线香一盒，打火机或火柴一件。行香师侧身向右边助手盘中以左手取出线香一支，手法如前取表步骤。右手取打火机打火点香。此时行香师左手中之香不宜下俯就火，而是要微微上仰。右手打火机火头接近香头。点燃后右手放回火机（如线香有火苗，则行香师右手如点香步骤扇灭火苗。切不可用口吹灭）双手举香至与眉齐，示众，然后将线香插于香炉之中，弯腰退身。

二、香筒礼法

1. 取香

以左手拿香管，右手打开香管帽，并用食指与拇指拈出一柱线香。

2. 点香

用点香器火焰的外焰点香，然后双手执香稍用力向上举起，使火熄灭，以示对香的尊重。

3. 插香

将线香小心插在葫芦香插之上。

4. 置薰香筒

左手扶住香插，右手将薰香筒从线香上方套入。

5. 调整香筒

调整香插与薰香筒，使其固定。

6. 品香

品其味，观其性，赏其韵。

三、卧香礼法

卧香礼法之方法与香筒礼法相同。线香礼法在具体观赏阶段同香篆礼法一样，可以采用观香、观烟两种方式，任凭心想感悟。

用香箸将烧透的炭夹入炭孔

第四节　品香雅集

香会，或称为品香雅集，是与诗会、茶会、笔会、赏月、听琴、赏花等相连的品香活动，有着相对固定的程序、规定和礼法，但又可以比较灵活运用。

用香箸将炭夹入炭孔

在中国古代并无专门单一的香会活动，品香只是上层社会高雅生活的一部分，甚至是富贵人家平常生活的一部分，其普遍性仅次于饮茶。一般来说，有燃、焚、熏、焖、散、置等设量。焚香一般在人多场合如朝会、法会、典札、考试时使用。文人雅士的小集，如：赏月会、诗会、琴会、笔会、茶会甚至餐聚都会使用香来助兴。熏香和焖香，以不出烟或少出烟，让香气弥漫于空间，或用香气熏染衣物。写经、作诗、清谈、书画时多用之，也用于厅堂、禅室、书斋、寝室等等。“置香”则是除了悦目，还有“散香”情致，可用于各种场合。

品香雅事，自唐宋成席以来，不仅是古人凭借袅娜青烟或漫漫余熏来抒发情感，寄托理想，更成为彰显中国文化和理想人格的象征。每席品香结束，都要题写香笺，或领悟或冥想或感恩或追忆，总是给人启发，令人温暖。香熏缕缕中，漫漫思绪经由红心炭火回归自然。人，通过心、眼、耳、鼻、舌、身、意与香结缘，与香回忆，了然真性，大道开通。

明代中期至清初盛世，香会的形式已基本定型。明代中期开始就形成了“炉、瓶、盒”一组的定制形式，炉用于出香，盒子用来摆放备用的香片，而瓶子用于插放香具。

根据陈云君《燕语香居》、林瑞萱《香学入门》、刘良佑《香学会典》等专著来看，香会具体源流可以分为中国传统品香雅集、中国台湾品香雅集、日本香道品香雅集。中国品香雅集历史悠久，以规模适度、自由率性、文采风流为特征，不追求系统的严密、形式的规整。近年来，学者和业界人士不断提出以中国传统文化为精髓、与香道文化相结合的中国品香雅集理念，追求形式与内容的统一。如陈云君提出的“鼻观一期”雅集品香形式，注重品香“鼻观”与中国传统文化的结合。品香雅集在我国台湾等地也渐盛行，玩香人士所提倡的“香席”“香会”是继承中国传统，又受到日本品香雅集的影响。日本品香雅集源自中国唐朝，鉴真东渡引香道入日本，逐渐形成“供香”“空香”等形式。

明清之际形成的香席形式，一般来说，是一个完整的“香席”活动，基本包括三个部分，当然这些模式也并非固定的，是可以因时因地而异：

一是设席。首先要选好香席举办日期，挑选好雅集香友，致送“香贴”“香笺”等，并且准备好饮茶事宜，布置好香室空间陈设、摆放。

二是坐课，指的是品香阶段。主人待香友陆续到达，上茶、饮茶完毕后，主人奉香带领香友们依次入席，进行品评鉴赏、坐课习静。

三是注香。坐课品香完毕之后，进行香友品香的书法、诗词的欣赏、展读，并留注于主人的香薄或香笺上，一次香事至此才完毕。

品香有四件事应注意：

一是心净、身净、香具净及环境净。

焚香是一件庄严殊圣的事，欲达到焚香的目的与效果，心净是一件基本的事情。心不净而焚香，是走过场、是应付，不会有好的效果，更谈不上沟通。

身净是对焚香的重视与恭敬。所以焚香前要净手、净身，甚至沐浴更衣。重视的程度越高，则效果越好。

保持环境和香具洁净就是一种修行、一种恭敬、一种功德、一种对自己的负责。

二是香具要齐备。

既要焚香，则不可不重视香具，香具要如法；特别是固定佛堂，净室内必须要有固定的、规范的香具。香炉、香筒、卧炉、香插、香盘、香夹、香盒、香铲、香箸、灵灰、手炉、香斗、熏球及香囊均应齐备。

三是理香。

在上香前要对香进行净捡或开盘。理香时要心平气和、全身放松、动作轻缓，心浮气躁会把香理坏以及破坏香的效果。如盘香时，在开盘前要先用手转圈轻轻摄开盘与盘之间相粘的地方，然后再开盘，线香选择长度相同者为佳。

四是选香。

焚香一定要选择好的香品，才能有好的效果。好的香品应为纯天然的合香，即多种香药合成的香。最好是选择传统配方的香，因配方经过历史的验证，而且古人对配伍要求也十分严格。

在具体的香席过程中，应注意一些具体的事项：

①香事空间准备：雅集场所大小宜适中，房间面积一般不超过 30 平方米。光线柔和，通畅无风。香厅外是花园者最为理想。室内布置以中式为宜，西式亦可。

②香事时间选择：按陈云君先生观点，香事时间和命名应一并考虑。

品香雅集，时辰不论，朝、暮、晨、昏皆可举行。宜随时令变化。如春季宜上午 10 点左右；夏季宜晚上 7 点左右；秋季六时皆宜；冬季则以午后 3 点为宜。赏宜晨，论文宜晚，踏雪访梅宜午后，赏月宜晚上 10 点前，品茗宜午睡过后。

品茶雅集应据时令而命名。

时当春季，则宜取“莽观一期修楔雅集”——郊游、踏青、清灌，返回香厅品饮新茗（龙井、碧螺春之类清茶），同时进行品香。

将香灰倒入香炉，用灰押压平

时当夏季，则宜取“鼻观一期赏是雅集”——观赏折扇、团扇之扇骨、画扇同时品香。

时当秋季，则宜取“鼻观一期赏月雅集”——赏月必在中秋佳节。秋季非八月十五则可再取他名。如“鼻观一期论书（法）雅集”“鼻观一期品茗雅集”“鼻观一期赏菊雅集”等等。

时当冬季，则宜赏雪、聚餐，宜取“鼻观一期访梅雅集”“鼻观一期清箧雅集”等。

总之，一年四季都可以进行品香雅集，唯命名应以文雅大气为宜。其中冬季聚餐、春季清饮宜于别室，不能在香厅中饮宴。法无定法，全在雅兴，而良辰美景为必不可少。

③出香工具的准备：“善用香者必先善选炉”，品香炉和一般香炉不一样。在刘良佑看来，理想的品香炉，其大小应在一握之间，太大、太重或太小、太轻都不好用；其次，炉头要高，而且不同性质的香，以不一样的炉来表现；再其次，灰和炭也很重要，出香用的白灰要时

时刻刻保持干净。

④香笺、香贴、香薄和香印的准备、制作：香笺是指独自一人于香室坐课，有所思、有所悟、有所得而来并授笔题记的“香谒”，即文字书写。香贴指邀约香友赴会的请帖，包括时间、地点等基本内容，虽无固定格式，但也要尽量避免落入俗套。

⑤行香：行香就是指燃香的方法，即点燃香品的技巧，也可称“做香法”“焚香法”等，在前两节我们提到了线香礼法、香篆礼法，讲到的很多部分就是行香。而具体行香之中，又有行香法则。

⑥唱和：主客经过近一小时在沉、檀的至美香气之中“奏观先参”之后，主客神志为之一清。在出静后神清气爽，才思泉涌，进人“鼻观一期”雅集的“妙思维”高潮——吟诗、作文、联句的唱和之中。唱和内容依主题而定。形式方法如传统诗会，此时炉中香气依旧，所营造的环境非一般雅集可比，所以必将有佳作呈现。

⑦香席规矩：香席入座，一般每席以一主三客为宜，人多会因递香时间太长而导致香气涣散。主客在炉主之左侧顺次入席。同时，进入香席，身上不可有香水或各种异味、臭味，防止破坏香的醇厚、甘甜。双手要清洗干净，尤其要特别清除指尖污秽，否则就是对香席的不尊重，也是对主人和其他客人的不尊重。

在品香时，传炉递香时应平顺端庄，非炉主不得搬弄香灰、香片；执炉品香，应安定稳重，身体坐直、坐正，手肘自然下垂，不可平肩高肘做母鸡

夹炭

展翅状；品香三次之后即传炉，不可霸炉不放；香席之上禁止大声喧哗、高谈阔论，要保持香席的安静，便于品味香的静谧，达到安神养性的目的。接炉后品评三次，一曰初品，去除杂味。二曰鼻观，观想香意。三曰回味，肯定意念。三次毕，如前所示传炉。

⑧具体品香的操作如下：

第一，先将香品，工具备妥，席面摆设完备。

第二，选定香炉。

第三，打散炉灰。

第四，在渣碟上点燃香炭，待其燃透后入炉。(可避免有异味)

第五，放入燃好的香炭入炉灰心中。

第六，堆灰。起灰不宜堆的太高，以免传炉中灰倒下。

第七，下香。起灰后稍待一会，等热力上升后，并进入稳定状态时，即可下香。

第八，香事毕，应夹出香渣，置于香碟上。

当然，在具体的品香雅集过程中，可以根据不同主题、季节、空间、时间等来做调整。

第五节　香道境界

香是人类共通的体验，它能引发我们种种美好的感受、体验，使我们在信仰的感通间荡除凡情，开发自性清净。香道讲究静观不语，需要人们随着袅袅升起的轻烟静静地感悟人生道理。宋代陈去非（陈与义）的诗作在一定程度上代表了中国古代文人对香的态度：

茶席

焚香

北宋·陈与义

明窗延静书，默坐消尘缘；
即将无限意，寓此一炷烟。
当时戒定慧，妙供均人天；
我岂不清友，于今心醒然。
炉烟袅孤碧，云缕霏数千；
悠然凌空去，缥缈随风还。
世事有过现，熏性无变迁；
应是水中月，波定还自圆。

自古文人多情多思，许多对形而上的追问与探求均未找到出路，于是闻香熏香便成了一种新的解脱方式。香一旦完全渗透内化到人的精神中，影响是很深刻的。在现代喧闹的都市生活中也需要这种动中求静的意境。在客厅里摆上一个香炉，焚上一炷香，闭目养神，静静地感悟香气中带来的奇妙感受。因此，探讨香道的境界是很有必要的。

沉香燃起，香气弥漫，曲火留香。袅袅青烟中，淡雅的香气氤氲。在品香过程中静静地思考、感悟。杂中入静，静后寻定，定中生慧，从心绪宁静到心身愉悦，进入心明清空的境界。找到解决自身困惑的最佳方法，顿悟快乐与幸福，这才是品香的核心。品香者，不仅要辨别香味，更重要的是要达到一种闲寂、优雅的内心状态。而这些或许只有有一定境界的人，才能感受到的美妙。因此便有了品香悟道一说，这也是香的魅力所在。以静治烦，去恶从善、由痴而智，让宁静质朴的心回归本真，便能参透人生。

中国品香文化最鼎盛时期在宋代，更多追求的是心灵宁静，以及思想、精神的提升。古代的达官贵人、文人墨客在品香活动中追求“品香四德”即净心契道、品评审美、励志翰文、调和身心，更重视的是精神而非形式。黄庭坚所作《香之十德》:“感格鬼神，清净身心，能拂污秽，能觉睡眠，静中成友，尘里偷闲，多而不厌，寡而为足，久藏不朽，常用无碍。”中国人崇尚自然，朴实谦和，不重形式。香事活动中融入哲理、伦理、道德，通过品香来修身养性、陶冶情操、思考人生、参禅悟道，达到精神上的享受和人格上的升华，这就是中国品香的最高境界——香道。

香不在多，心诚则灵。一炉香，一缕烟，既可静思，又能洞察梵烟缥缈。明末文人董说所著《非烟香记》，提到所谓的“振灵之香”。他说：“……振灵香屑，是能熏蒸草木，发扬芬芳……振灵之香成，则四海内外百草木之有香气者，皆可以入蒸香之鬲矣！振草木之灵，化而为香，故曰振灵。”由此可知古人对于香气的阐释，已经不只是物质、官能层面的东西。

所以，香道的真正境界不在于香道仪式和形式的多样与繁复，而在于精神内涵和追求。的确，香道不同于香艺，它不但讲求表现形式，而且注重精神内涵。

具体而言，香道境界有三种：得气、得神、得道。

品香“得气”，是指把香品出辛、甘、酸、苦、咸，优与劣、浅与深，用心感悟香的内在气质，或张扬或内敛或幽远以及它的物理性和化学性质，重在感观感受和对烟雾的审美。

品香“得神”，是指把香从日常使用提升到生活艺术。讲究在人、香、火、器、境、艺等几个要素中，集观、嗅、听及用香过程中产生的形体思维、心灵及香的韵味相结合，使人得到熏陶和物质及精神的多重享受。

品香“得道”，是香道中最高的境界，指人在与香的互动中完全融合。尚自然、崇幽趣、悟万物、养天年，从而达到天人合一、明心见性、物我玄会、大彻大悟，这也应了古人所言的香味人生。

刘禹锡在《陋室铭》里写道：“斯是陋室，惟吾德馨……可以调素琴，阅金经，无丝竹之乱耳，无案牍之劳形”。即使是陋室，即使什么都没有，只要居住者品德高尚，待人从容，从他内心所散发出来的馨香足以弥盖四方。世间有文化之人，未必有修养，有修养之人未必有境界。佛教里譬喻修行者的德行芳馨如香一般，赞其是可以遍熏一切的“德香”。世间最奇妙的譬喻香莫过于修行者的“一瓣馨香”，相对于香气有时空限制的世俗香料，“德香”更能表现出香的极致境界，它是一种最有福报意义与宗教意义的“香”。

品香通过“美化”“诗化”之后，在香烟缭绕之中一种由衷的感动与平静了。

香道，是种心灵的愉悦，精神的滋润，约上三五好友，设座山水之间，选个幽静香馆，点上一根天然沉香、沏上一壶好茶……慢慢等待，细细去品，让浮躁的心态平稳下来，让矜持的神经放松开来，当你嗅到飘逸的香气，思绪变得清新而高远，愉悦的快感渗透到身体的每个细胞，这时一香一茶在你不知不觉中助你进入“宁静致远”“天人合一”的境界。

玩香道是一种心境，感觉身心被净化，更是会生出颇多感慨。香要点燃后才有浓香，人生也要经历磨炼后才能坦然。滤去浮躁，沉淀下来的是深思，在肺腑间蔓延开来，涤尽了一时的疲惫冷漠。孰能不醉，朦胧中久久不愿醒来。是夜的芬芳，沉香满室，浮浮沉沉，聚聚散散，优雅清香中慢慢感悟：人生亦如沉香。

香文化形成一种完整的文化体系，成为“香道”。香道也是一种文化，是精神文化，道德升华，是香文化的使用艺术。“道”，是宇宙万物的本源，本体。《道德经》说，“人法地，地法天，天法道，道法自然”。意即为天地万物由自然而生，天地万物由自然而运化。天地之间，一切事物变化生息均属“自然”，即是道的自性，是道的最大的和谐。香道又是一门生活美学，几乎涵盖了生活的方方面面。远古巫术活动有“香”，崇拜中有“香”，宗教中有“香”，节庆中有“香”，历代帝王喜“香”，闺中妙龄爱“香”，古典名著生“香”，文人诗词颂“香”，中药百草发“香”，香包香囊飘“香”，品茗饮酒留“香”，养生保健缘“香”……香是有生命的，是一种生命现象。

香道是历史的，是生活的，即非物质文化遗产。它是与物和人紧密相连的文化事象的行为方式。香道通过民俗文化体现人文精神内核，反映人们对吉祥幸福的精神追求和寄托，用集体或个人的智慧、制作、技巧、艺术及承传艺术体系、思想内涵等进行精美的创造和承传。是特定的民族或地区群体中世代相传的，有较大影响并有突出价值的文化形态或文化表现形式、文化表现活动，其和民族、民间遗产概念是相同的。香道文化是人民承传文化中最贴近身心和生活的一种文化，保留了大量的民间自然传承的历史遗迹，是许多文化遗产的记录。香道与茶道的完美结合，更是达到至善至美的境界。这样珍贵的文化遗产，我们应该加倍珍惜与弘扬。

结语 实现茶道与香道的共赢发展

任何文化的发展，都依靠于国家的繁荣昌盛，经济的持续增长，文化的社会需要。当代中国茶文化的繁华景象，有力地证明了这一客观规律。当然，事物是复杂的，并非是统一的齐步前行，也存在着种种差异性状况。当前，茶道与香道发展的不同步，也体现了这种复杂性和不平衡性。

如今，中国茶艺文化和香道文化呈现出“两重天”巨大差距。中国茶艺发展可谓如火如荼，几乎每一个城市都有专门的茶叶市场，各种茶叶、茶具的销售数量越来越大，各种规模和类型的茶艺馆遍布城乡，专门的茶艺活动不断举行，茶叶博览会、茶文化学术研讨会往往安排茶艺表演与活动，许多院校开设茶艺专业和茶艺课程，茶艺师作为国家新兴职业已经颁布实行，社会性的茶艺培训和长效性的茶艺人才培养进入到持续发展轨道。

相较而言，同样是中国传统文化之一的香道，显得颇为落寞。原因自然是多方面的。例如，从历史传统来看，香道文化属于上层文化、高雅文化，被统治阶层、士大夫、文人雅士所垄断和享有。而民间所使用的香品，还停留在实用的功能层面。从现实情况分析，先天缺少群众性和社会性的香道，又由于香具价格不菲，香品价钱的高昂，被视为“贵族文化”与“富豪文化”，也就很难在更广泛的群体和更广阔的天地翱翔。

不过，我们也高兴地看到，由于作为中国茶文化一部分的香道受到重视，给香道文化的整体发展带来有利时机和良好因素。例如，十多年前颁布的《茶艺师国家职业标准》就将香道列入其中。后来，全国培训鉴定教材《茶艺师》也有香道的内容。近些年来，随着茶艺的普及和提升，香道得到更多的关注。茶艺界人士和掌握茶艺的人员成为学习香道的主要群体。全国性的香道研讨会也是以茶文化界的专家学者为主体。

因此，凭借当前良好的势头，如何促进中国茶艺文化与香道文化的共赢发展，是应该理性思考和亟待解决的问题：

——加强茶艺与香道相辅相成的历史研究，作为共赢发展的基础。中国典籍文献汗牛充栋，其中茶文化和香道文化的资料都非常丰富。但是，目前这两者的历史资料搜集整理都尚感不足，更不用说茶事中的香道、香道活动的品茗，其更是缺少全面的系统的挖掘与研究。这些史料的齐备，必将成为构架共赢发展大厦的坚固基石。

——加强茶艺与香道相互融合的现实探讨，作为共赢发展的依据。当前，茶艺发展的状况如何？香道发展的状况如何？茶艺与香道结合的状况如何？茶艺与香道和产业发展互为促进的效果如何？茶艺与香道和文化进步社会影响的效应如何？享受茶艺与香道成果的人员队伍如何？茶艺与香道持续发展的后劲如何？这些都必须调查研究，做到心中有数，并做出战略部署和战术调整。

——加强茶艺与香道创新创意的精当设计，作为共赢发展的机制。凡属生活接受和大众喜闻乐见的文化，并非是固化的、僵化的、一成不变的，而是永远充满着生气、活力，呈现出勃勃生机。作为茶艺与香道的结合，一方面应该是传统文化的继承，不能成为无源之水，无根之木；另一方面，又不要使欣赏者、参与者产生“审美疲劳”，必须在传承的同时不断创新创意，以适应当代社会和生活实际的需要。

毫无疑问，中国茶艺与香道的相通，必然达到新的境界追求；茶艺与香道的共赢发展，必然实现文化和产业的全面提升。在当前生活节奏加快和内心浮躁焦虑的状况下，茶艺文化与香道文化的良性互动发展，将把人们带到宁静致远的和谐世界。让我们为此而共同努力！

参考文献

［1］陈云君．燕居香语中国香文化宝典［M］．天津：天津百花文艺出版社，2010

［2］江俊伟、陈云轶．香典［M］．重庆：重庆出版社，2010

［3］林瑞萱．香道入门［M］．台北：坐忘谷茶道中心，2008

［4］傅京亮．中国香文化［M］．济南：齐鲁出版社，2008

［5］佛教小百科．佛教的香与香器［M］．北京：中国社会科学出版社，2003

［6］刘良佑．香学会典［M］．台北：东方香学研究会，2003

［7］中国香料香精化妆品工业协会．中国香料香精发展史［M］．北京：中国标准出版社，2001（11）

［8］肖军．中国香文化起源刍议［J］．长江大学学报（社会科学版），2011（34）

［9］杨岗．先秦以至秦汉的薰香习俗文化［J］．西北农林科技大学学报（社会科学版），2011（04）

［10］汪秋安．中国古近代香料史初探［J］．香料香精化妆品，1999（2）

［11］吴娟娟．香料与唐代社会生活［J］.2011级安徽大学硕士学位论文

［12］夏时华．宋代香药与平民生活［J］．淮北煤炭师范学院学报（哲学社会科学版），2008（10）

［13］夏时华．宋代上层社会生活中的香药消费［J］．云南社会科学，2010（05）

［14］黄瑞珍．香料与明代社会生活［J］．福建师范大学2012级硕士学位论文

［15］严小青，惠富平．宋明以来宫廷与民间制香业的兴衰［J］．中国农史，2008（04）

［16］严小青，张涛．中国道教香文化［J］．宗教学研究，2011（02）

[17] 林翔云 . 香文化趣谈系列 [J]. 中华卫生杀虫药械，2007（03）

[18] 严小青，张涛 . 红楼香事 [J]. 明清小说研究，2008（03）

[19] 赵艳艳，房志坚 . 沉香本草考证 [J]. 广东药学院学报，2012（02）

[20] 汪秋安 . 中国古近代香料史初探 [J]. 香料香精化妆品，1999（06）

[21] 孙汉董 . 中国香料植物资源 [J]. 香料香精化妆品，1988（03）

[22] 常正 . 香品、香具与香文化（上、下）[J]. 法音，2005（07）

[23] 金其璋 . 有关天然香料的术语和定义 [J]. 香料香精化妆品，1984（04）

[24] 马守仁 . 浅议香文化在茶道中的运用 [J]. 农业考古，2011（02）

[25] 陈文华 . 中国古代的茶文化典籍 [J]. 农业考古，2007（02）

[26] 袁海波，尹军峰，叶国柱等 . 茶叶香型及特征物质研究进展 [J]. 中国茶叶，2009（08）

[27] 徐捷，孟婷婷 . 日本香道文化的传承 [J]. 东瀛文化，2012（06）

[28] 杨志明，左红 . 中国香道的历史渊源与发展前景 [J]. 文化广角，2008（05）

后记 香飘四季

四十多年前，我正热衷于宋代文化，每读古籍，常见关于香道香事的记载，却往往视若无睹。后来研究中国茶文化，才逐步了解香道与茶道的密切关系，也加深了我对香道文化的理解。20世纪末，我担任《茶艺师国家职业标准》总执笔，全国职业技能培训鉴定教材《茶艺师》主编，都把香道文化的相关内容收入其中。前年，应邀到“国学大讲堂”讲授《中国茶文化与生活“四艺”的体现》，主编国家开发大学的《中华茶艺》教材，都重点论述与介绍了茶道文化，《新华文摘》还对我的学术观点进行摘编，受到了广泛的关注。正是在这样的基础上，我们才编写了《图说香道文化》。

《大美中国茶》“图说”系列由中国民俗学会茶艺研究专业委员会、江西省民俗与文化遗产学会、江西省茶艺师职业技能培训中心、南昌宏洋小康茶文化传播公司共同策划与组织，由本人担任主编，程琳茶艺技师担任副主编。《图说香道文化》一书，由我编写提纲，撰写引言、结语和充实、修改、定稿，并且拍摄了大部分照片；程琳设计和指导了部分茶席、香席拍摄；江西师范大学文学院张运全参加了初稿写作。

南昌宏洋小康茶文化传播公司曾员梅总经理对本书的编撰出版极为关心，提供了许多帮助，还组织人员专门拍摄了部分照片。“墨上”茶室香道师曹慧莹进行了香道技艺表演与拍照。《新法制报》摄影记者、cfp签约摄影师秦方热心茶文化宣传，拍摄了一些香道照片。

远在西安的著名茶艺专家、香道专家、中华茶道文化研究会会长、“中华煎茶道——南山流”宗主南山如济（马守仁）先生非常关心本书的写作，特意发来相关的香道照片。

世界图书出版西安有限公司薛春民总编辑对于本书的定位和要求，提出来许多可贵的指导意见，并对于本书的策划创意、写作安排和后续事项，都进行了周到安排；责任编辑李江彬对于本书的写作完成、编辑审稿，做了很多细致的工作。

借此机会，特向以上单位与个人表示衷心的感谢！

记得明代“吴门四才子”之一的文徵明在《焚香》诗中有这么几句：“妙境可能先鼻观，俗缘都尽洗心兵。日长自展南华读，转觉逍遥道味生。”茶味人生，诗化人生，才能达到这种美化、禅化的极致境界。而香道文化，在其中起着重要作用。香飘四季，香飘四海，造福于社会与世界！

余 悦

于江西洪都旷达斋

2014 年 7 月 26 日